21 世纪建筑学专业课程设计精品教材

铁路客站建筑课程设计

Railway Passenger Station Building Design Class

主　审　宋　昆

主　编　谭立峰

副主编　李　政

参　编　李贺楠

江苏人民出版社

图书在版编目(CIP)数据

铁路客站建筑课程设计/谭立峰主编. —南京:
江苏人民出版社,2013.1
21世纪建筑学专业课程设计精品教材
ISBN 978-7-214-08891-8

Ⅰ.①铁… Ⅱ.①谭… Ⅲ.①铁路客站—客运站—建
筑设计—教材 Ⅳ.①TU248.1

中国版本图书馆 CIP 数据核字(2012)第 258599 号

铁路客站建筑课程设计　　　　　　　　　　　　　谭立峰　主编

责任编辑:刘　焱
特约编辑:楚鸿雁
责任监印:安子宁
出版发行:凤凰出版传媒股份有限公司
　　　　　江苏人民出版社
销售电话:022-87893668
网　　址:http://www.ifengspace.cn
经　　销:全国新华书店
印　　刷:天津泰宇印务有限公司
开　　本:889 mm×1194 mm　1/16
印　　张:12.25
插　　页:2 印张
字　　数:304 千字
版　　次:2013 年 1 月第 1 版
印　　次:2013 年 1 月第 1 次印刷
书　　号:ISBN 978-7-214-08891-8
定　　价:40.00 元

内 容 提 要

　　本书在分析近代铁路客站功能、总结新中国成立以来我国铁路客站建筑设计经验的基础上，系统介绍了当代铁路客站的规划布局、场地设计、空间形态与形体塑造，详细分析了近年来国内外较为典型的铁路客站建筑设计实例。并结合高等院校建筑学教学和课程设计，以优秀设计作业为样本，给出铁路客站建筑设计的流程与范例。

　　本书可作为高等院校建筑学本科与研究生教学用书，也可为铁路客站建筑设计工作者提供借鉴，还可为其他门类建筑设计工作者提供参考。

前　言

目前我国铁路已进入新一轮发展期,铁道部正在推行一系列的改革措施,这将不断提高铁路行业的运行效率。营业里程的增加以及铁路运行效率的提高,都将为铁路客运带来新的发展契机。铁路客运是一个复杂的系统,涉及客运组织和行车组织的方方面面,需要从各个环节入手进行根本上的改进,只有把握好客运组织全过程中的每一个环节,才能真正实现铁路客运的效益最大化。

当今,铁路客站已发展成为城市综合交通枢纽和现代化客运中心,在城市发展中的地位、作用和影响力发生了根本性的变化。铁道部提出了铁路客站设计要坚持以人为本,综合体现"功能性、系统性、先进性、文化性、经济性"原则。本书结合当前铁路客站发展的现状,以分类设计为课程设计的内容,在不断总结教学经验和专业需求的基础上,结合设计实践的新理念和新成果,编写课程设计指导教材,既是教学工作的需要,也是学科发展的成果。铁路客站建筑是功能较为复杂、影响广泛的一个建筑类别。以铁路客站建筑作为课程设计内容,可为学生综合素质与技能的培养奠定坚实的基础,也可开拓学生的视野和思路。

本书主要分为以下六部分:

第一部分为"铁路客站概述"。这一部分主要对铁路客站的功能、分类及规模加以诠释,并阐述了铁路客站功能的演变,以求让学生对铁路客站产生整体的、清晰的认识。

第二部分为"铁路客站场地设计"。这一部分通过介绍铁路客站建筑场地设计的功能、基本布局、交通组织等内容,使读者全面了解铁路客站建筑场地设计的总体布局情况。

第三部分为"铁路客站平面设计"。这一部分主要介绍了课程设计阶段所要掌握的建筑功能布局、交通流线、主要功能空间布置等几个主要方面的知识。

第四部分为"铁路客站形体设计"。这一部分介绍了平面以及结构形式对形体设计产生的影响,同时对现代风格的引入进行了分析与探讨。

第五部分为"铁路客站设计实例"。这一部分列举了国内外的几个优秀案例,通过案例研究可使读者对前几部分的内容有更深刻的认识。

第六部分为"铁路客站建筑课程设计"。这一部分的两个实际项目的投标案例是通过组织学生进行设计完成的,这也是学生课程设计训练的重要组成部分。

最后,彩图中列举了多个铁路客站建筑的投标方案,以求使读者能更好地了解铁路客站建筑设计的基本方法。

本书在编写过程中得到了诸多朋友的帮助：宋昆教授组织了本套教材的编写，并作为主审对本书提出了宝贵的意见，在此表示真诚的谢意。铁道第三勘察设计院为本书提供了大量很有价值的文献资料与设计实例，在此表示衷心的感谢。

　　鉴于水平有限，书中难免有所疏漏，恳请读者批评指正。

编者

2012 年 12 月

目 录

1 铁路客站概述

我国的铁路客站是由政府投资兴建的、服务于广大人民群众的基础性交通类公共建筑。随着我国社会、经济与文化的不断繁荣和发展,人们的生活节奏加快、活动范围增大、出行频率升高,铁路客站已成为城市中最繁忙、最活跃的中心之一,它与城市紧密相联、不可分割。因此,现代铁路客站的内涵不仅体现在它是铁道系统的一部分,更体现在它是城市的有机组成。

1.1 铁路客站的功能及演变

铁路客站是与人们日常生活紧密相关的交通建筑。我国的铁路客站由车站广场、站房、站场客运设施三部分组成,是铁路为旅客提供乘降与换乘服务的场所,也是铁路与城市的结合点。铁路客站是铁路运输的基本作业单位,是铁路与广大人民群众及国民经济其他各部门之间的联系环节,集中了与运输作业有关的各种技术设备,参与客运作业的全过程。

铁路客站既是铁道系统的重要组成部分,也是城市的活动中心。因此,铁路客站不仅要提供铁路运输的全部功能,还应满足城市及区域经济、文化发展的需求,为城市的发展和城市综合交通体系的建立和发展提供基础条件;作为城市文明的窗口,铁路客站还必须体现所在城市的文化传承和时代风貌。随着时代的发展,铁路客站的功能也在不断地发展和演变。

1.1.1 基本功能

铁路客站随铁路运输诞生于 19 世纪的英国工业革命时期。1825 年,世界上第一条行驶蒸汽机车的永久性公用运输设施——自英国斯托克顿至达灵顿的铁路——正式通车。180 余年来,铁路客站的功能一直处在不断进化之中,但其基本功能自铁路诞生之初起就已具备。

1. 流通功能

为去往不同目的地的旅客提供乘车服务。包括旅客乘降、候车、转乘等服务项目。

2. 运营功能

(1) 为旅客提供售票与签注等票务服务,以及行李和包裹的托运及提取、资讯获取、餐饮、购物、应急医疗等服务项目。

（2）提供运营设备安装空间，并为员工提供办公、生活条件。

3. 通信、信息功能

19世纪30年代，由于铁路运输迅速发展，迫切需要一种不受天气影响、没有时间限制又比火车跑得快的通信工具，作为运营调度和信息传递之用。1837年，英国人库克和惠斯通设计制造了世界上第一个有线电报，这种电报很快在铁路通信中获得了应用，因而早期的有线电报线路大多沿铁道线路架设。除铁路通信业务之外，有线电报还承担了部分民用甚至军用通信业务。

4. 文化标志

铁路客站建筑是一个街区乃至整座城市的标志，是一座城市的门户之一，也是城市生活中最为活跃的中心之一。其作用不仅体现在它是城市交通的节点，更体现在其建筑艺术对城市文化的诠释，它是对一座城市及其周边地区历史、地理、人文、经济与时代风貌的综合表达。

1.1.2　功能演变

随着我国市场经济的发展和城市化进程的加快，人民的生活水平不断提高，生活方式和出行方式都发生了巨大变化。城市的交通功能和格局也随之发生了深刻变化：城市公共交通系统得到不断扩充和完善；城市轨道交通迅速兴起；城际客运专线或专列大量出现；高速铁路得以实现并快速发展；铁道系统及其客站的功能也发生了显著变化，对铁路客站提出了新的功能要求，也对它的一些传统功能提出了新的或更高的要求。

1. 新增功能

1）城市综合交通枢纽

城市综合交通枢纽可定义为：位于综合交通网络交会处，一般由有两种以上运输方式的重要线路、场站等设施组成，是旅客与货物通过、到发、换乘与换装以及运载工具技术作业的场所，又是各种运输方式之间、城市交通与城间交通的衔接处。

随着地下铁道等城市轨道交通在我国的不断普及，当代铁路客站正向城市综合交通枢纽转化并与城市交通体系融合，铁路客站的城市属性更加鲜明，因此应从城市的角度给铁路客站重新定位，而且人性化、环境与生态保护、节能降耗和可持续发展等最先进的建筑理念，应在新的客站建筑设计理念中得到充分体现。

随着当代铁路旅客列车发车率和正点率的不断提高，铁路旅客列车的运营方式正在向"公交化"转变，旅客的乘车模式也从传统的"等候式"逐步向高效率的"通过式"转变，这就要求铁路客站建筑及其设备必须为新的乘降与换乘模式提供物质基础。

2）商业空间

铁路客站的商业功能,是从早期的客站内餐饮服务和小商品零售服务进化而来的,也是随铁路客站成为城市综合交通枢纽这一新功能的出现而产生的新需求。

从更深层次看,铁路客站的商业功能是铁路客站融入城市,以及铁路和城市建设投资体制与管理体制改革的必然结果。

3）防灾功能

当代铁路客站作为大型公共基础设施,具有建筑容量大、结构坚固、防震与消防等级高的特点,而且各种交通和通信设施齐备,因而成为防灾、紧急避难、紧急救援等活动的场所和节点。

2. 通信与信息功能的演变

随着通信与信息技术的发展和信息化社会的到来,铁路客站的通信及信息化设备不仅要为铁道系统的运营和调度提供保证,还要为旅客提供各类信息服务。同时,要通过通信线路和设备以及计算机及其网络使全国铁路运输形成网络,实现铁路场站与城市公交网络以及公路、水运及航空场站等有机联系,相互衔接,并使各种营运信息能够及时、迅速、准确地传递和交换,同时面向社会提供运力信息及通信服务。

1.1.3 现代铁路客站功能小结

综上所述,现代铁路客站具有如下功能。

（1）人员与行李、包裹的流通节点。

（2）铁道客运系统的前端运营场所。

（3）通信与信息端口。

（4）城市的文化标志。

（5）城市综合交通枢纽。

（6）商业空间。

（7）防灾功能。

1.1.4 我国当代铁路客站建筑的设计理念和原则

在充分研究世界发达国家铁路客站的演变历程并总结几十年来我国铁路客站设计的经验教训的基础上,2006 年,我国铁道部明确提出了铁路客站建筑设计的"五性"原则——功能性、系统性、先进性、文化性、经济性。这是对新时期铁路客站设计和建设要求的高度概括,也是我国铁路客站建设理念的重大创新。

1. 功能性

铁路客站功能性的核心内涵是"以人为本、以流为主"。"以人为本"是以旅客为本,以方便旅客使用为前提,从客站总体规划到细部设计,都以为旅客提供方便、舒适的乘车环境,便捷的换乘条件和人性化的优质服务为目标;"以流为主"是指客站流线应以明确清晰、简捷通畅、互不干扰为目标。

功能性的重点包含以下三方面内容。

(1)在站内空间环境设计上,要把最大的空间、最便捷的通道、最好的环境留给旅客。

(2)在站内服务设施的设计上,应注重候车区环境的舒适性、乘降服务的便捷性、信息服务的直观性和商业服务的周到性。

(3)在流线设计上,应按照简捷通畅的原则,尽可能缩短旅客的换乘距离,减少人流交叉。

2. 系统性

系统性就是按照系统集成、整体最优的原则,以铁路客站为中心,实现铁路与城市地铁、公共交通、出租汽车等其他交通工具的无缝衔接。

系统性的重点包括以下三方面内容。

(1)客站应与城市规划相协调,站址选择应与城市规划相配合,铁路客站应与城市融为一体,客站应与城市轨道交通、道路交通有效衔接。

(2)客站各组成部分应形成统一整体,把紧密相关的车站广场、站房、站场客运设施三大部分作为完整的整体来统一规划建设,并在平面位置、空间关系上叠加、复合。

(3)铁路客站各专业系统应实现整体最优。

3. 先进性

先进性就是要保证铁路客站在未来较长的时间内能够满足运输服务的需求;要充分考虑建筑的节能降耗、环境保护,应适应可持续发展的要求;要充分利用先进的建筑技术,确保铁路客站建筑经得起时间的考验,成为不朽之作。

先进性的重点包括以下三方面内容。

(1)规模、布局和标准要有一定的前瞻性。

(2)公共安全体系要完善。铁路客站作为大型公共建筑,是人员密集的场所,必须在结构、消防、交通疏散上确保安全。

(3)广泛应用节能环保新技术。

4. 文化性

有文化内涵的建筑才是真正有生命力的建筑。新时期铁路客站建筑的文化性主要在于追求铁路客站建筑的交通功能与时代特征和地域文化的完美结合。

文化性的重点包括以下三方面内容。

(1)表达地域特征和人文特征。

（2）展现时代风貌。

（3）体现交通建筑特征。

5. 经济性

经济性就是要系统考虑建筑的全寿命成本,合理把握客站规模及建设标准,注重远近结合,把铁路客站建设成为资源节约型、环境友好型车站。

经济性的重点包括以下三方面内容。

（1）合理把握客站规模及标准,区别对待不同类型的站房标准。

（2）充分考虑远近结合,既要立足当前,解决当前的矛盾和问题,又要着眼长远,兼顾近远期的发展要求。

（3）兼顾建设投入与维修成本。

1.2　铁路客站的分类及规模等级

1.2.1　铁路客站的分类

我国铁道系统目前有大小五千多个车站。按照运输业务的性质可分为货运站、客运站、客货混合站等。其中,客运站的分类与等级有多种划分方法,每种方法对铁路客站的规划设计与建造都有其特定内涵。在本书中,仅从铁路客站的铁路运输基本功能出发,按基本用途、客运站场图式、规模及线路性质进行分类。

1. 按基本用途分类

铁路客站的类别按基本用途划分,决定了该站的基本性质。不同性质的铁路客站,对车站的运输设备和各项服务设施的要求不同,对站房建筑设计的要求也不相同。

1）长途铁路客站

主要用于承担长途旅客列车作业,如国际和国内旅客特快列车、直达旅客特快列车、直达旅客快车、管内旅客快车的始发、终到和通过作业,输送各大、中城市的客流;按需要也可承担少量的市郊旅客列车作业。如北京站、北京西站、上海站、天津站、汉口站等。

2）短途和市郊铁路客站

主要承担管区内或少量的直通旅客列车始发、终到和通过作业,也承担少量/部分市郊列车作业。如北京北站（原西直门站）等。

3）市郊铁路客站

主要承担市郊之间或游览地点的列车始发和终到作业,为运送通勤、通学及旅游旅客服务。如北京的清华园站、延庆站、双桥站,天津的杨柳青站等。

4）旅游铁路客站

设在游览地点，主要承担旅游列车的始发和终到作业，其运量主要发生在旅游季节。如八达岭站和五台山站等。

5）国境（口岸）站

设在国家边境上，主要承担国际旅客列车的通过、换装和联检作业。因这类车站不是国际（出入境）旅客大量集散的车站，通常按客货混合站设置。如丹东站、满洲里站和阿拉山口站等。

6）专用客站

这类铁路客站包括城际列车专用客站、高速列车专用客站、机场专用客站、港口专用客站、大型企业或大型建筑专用客站等。如上海正在建设的虹桥机场铁路客站，正在规划设计阶段的京津城际铁路引入天津滨海机场项目等。

2. 按客运站场图式分类

1）尽端式铁路客站

尽端式铁路客站是指轨道线路在车站内终止的客站，如图1-1所示。这种客站的旅客乘降车站台是与站房侧的分配站台相联结的。

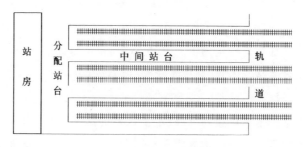

图1-1　尽端式铁路客站

尽端式铁路客站的优点是：车站位置较易伸入市区，与城市道路的交叉干扰较少；旅客乘降车较方便，旅客出入站可不必跨越线路，不需建设跨线设施。缺点是：全部列车的到发作业、客车车底取送及机车出入段等都集中在一个方向上，交叉干扰大，影响车站通过能力；过境列车需折返运行；旅客进出站在站内的行走距离较长，且在分配站台上与行李、包裹搬运作业的交叉干扰大。

2）通过式铁路客站

轨道线路在车站内通过，站房与旅客乘降车站台之间由地道或天桥等跨线设备联结，如图1-2所示。

通过式铁路客站的优点是：列车的到发作业、客车车底取送及机车出入段等分布在两个方向上，交叉干扰较少，通过能力较大；通过列车不必改变运行方向；行李、包裹搬

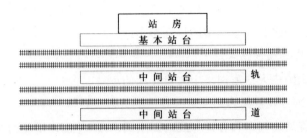

图 1-2　通过式铁路客站

运与旅客进出站干扰较少；旅客在站内行走距离较短。缺点是：车站位置不易伸入市区，与城市道路交通干扰大；旅客乘降车需通过地道或天桥，不甚方便；由于有两个方向的线路咽喉区，站坪长度较大，占地面积较多。

　　3）混合式铁路客站

　　一部分轨道线路通过车站，供长途列车使用；另一部分轨道线路在站内终止，供到发市郊、城际等专线列车使用，为混合式铁路客站，如图 1-3 所示。

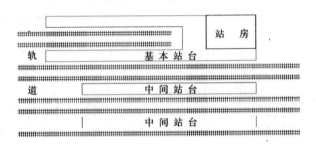

图 1-3　混合式铁路客站

　　混合式铁路客站的优点是：专线旅客与长途旅客流线分开，互不干扰。缺点是：到发线使用不灵活；在进出站咽喉区，长途列车与专线列车的交叉干扰较大。

3. 按规模及线路性质分类

　　1）大型、特大型铁路客站

　　这类铁路客站设置在铁路枢纽地区。我国的直辖市、省会城市以及少量地区级城市设有这类铁路客站。铁路枢纽地区一般既有客货混合线路，也有客运专用线路，但货运列车不通过枢纽内大型客运站场。大型、特大型铁路客站既运行普速旅客列车，又运行高速列车；既有客货混线的旅客列车停靠，又有客运专线列车停靠。

　　这种在一座火车站停靠多类旅客列车的情况，既是由这类车站的枢纽地位决定的，又是由铁路客运系统的不断发展积累形成的。我国的铁路客运专线和高速旅客列车出现得较晚，但发展非常迅速，因此，当铁路客运专线或高速客运专线及高速旅客列车出现时，改造既有大型铁路客站，使之可以接纳高速列车，就成为既可快速实现运力提升，又可节约投资的首选之举。对于新建的大型铁路客站，更因为其综合交通枢纽的地位，而必定建设成可接纳多种列车类型的综合型车站。

2）中小型客货共线铁路客站

这是一类在我国广大铁道网络中大量存在的车站。

3）中小型客运专线铁路客站

这是一类随着高速列车和客运专线的诞生而出现，并迅速增长的车站。

1.2.2 铁路客站的等级与规模

1. 铁路客站的等级

铁道部 1980 年 12 月 31 日颁布实施的《铁路车站等级核定办法》规定，全国铁路客站分六个等级，即特等站、一等站、二等站、三等站、四等站、五等站。其中，铁路客站的等级划分如表 1-1 所示。

表 1-1 铁路客站的等级划分

铁路客站等级	应具备的条件
特等站	日均上下车及换乘旅客在 60 000 人以上，并办理到发及中转行李、包裹在 20 000 件以上的客运站；日均上下车及换乘旅客在 20 000 人以上，并办理到发及中转行李、包裹在 2500 件以上的综合业务车站
一等站	日均上下车及换乘旅客在 15 000 人以上，并办理到发及中转行李、包裹在 1500 件以上的客运站；日均上下车及换乘旅客在 8000 人以上，并办理到发及中转行李、包裹在 500 件以上的综合业务车站
二等站	日均上下车及换乘旅客在 5000 人以上，并办理到发及中转行李、包裹在 500 件以上的客运站；日均上下车及换乘旅客在 4000 人以上，并办理到发及中转行李、包裹在 300 件以上的综合业务车站
三等站	办理综合业务，日均上下车及换乘旅客在 2000 人以上，并办理到发及中转行李、包裹在 100 件以上的综合业务车站
四等站	办理综合业务，但按核定条件，不具备三等站条件者为四等站
五等站	只办理列车会让、越行的会让站与越行站，均为五等站

不同站等的铁路客站在建筑标准、规划设计、占地面积、投资规模等方面有不同的要求和规定。

2. 铁路客站建筑规模

着手铁路客站建筑设计，首先要解决的就是它的规模问题。铁路客站的规模在建筑设计中，通常以旅客最高聚集人数和高峰小时发送量作为指标。前者适用于客货共线铁路客站,后者适用于客运专线铁路客站,它们是客站建筑设计的基本依据。

根据 2007 年 12 月 1 日施行的《铁路旅客车站建筑设计规范》(GB 50226—2007),铁路客站的建筑规模划分为四级(见表 1-2),为铁路客站建筑标准的确定提供了依据。

表 1-2　铁路客站建筑规模等级

客站规模	客货共线铁路客站 最高聚集人数 H/人	客运专线铁路客站 高峰小时发送量 pH/人
小型站	$100 \leqslant H < 600$	$pH < 1000$
中型站	$600 \leqslant H < 3000$	$1000 \leqslant pH < 5000$
大型站	$3000 \leqslant H < 10\,000$	$5000 \leqslant pH < 10\,000$
特大型站	$H \geqslant 10\,000$	$pH \geqslant 10\,000$

下面对与铁路客站建筑规模直接相关的旅客最高聚集人数、全年上车旅客总数等概念,分别进行说明。高峰小时旅客发送量在车站设计时由运量预测部门提供。

1) 旅客最高聚集人数的确定

铁路客站与其他交通建筑一样,其使用对象是流动的,在车站内聚集的旅客人数时刻都在变化着。关于旅客最高聚集人数以何种聚集状况作为统计、计算的标准,在各设计单位的计算中并不统一。

旅客最高聚集人数,并非指一年中客流洪峰最高一天中最高时刻聚集在站的旅客人数。根据《铁路旅客车站建筑设计规范》(GB 50226—2007)的规定,旅客最高聚集人数的定义为:铁路客站全年上车旅客最多月份中,一昼夜在候车室内瞬时(8~10 min)出现的最大候车(含送客)人数的平均值。计算方法如下:

$$H = \frac{SKC}{365} \tag{1-1}$$

式中　H——最高聚集人数;

　　　S——设计年度全年上车旅客总数,设计年度按铁道部规定,为铁路客站开始使用后的第十年;

　　　K——年波动系数,即最高月份的日平均上车人数与一年的日平均上车人数的比例,它反映了由于季节性和节假日等因素的影响而产生的全年各月份之间上车旅客人数的不均衡性,K 值参见表 1-3;

　　　C——计算系数,即该站最高聚集人数占全日旅客发送人数的比例,大站由于列车对数多、列车密度大、市内公共交通方便,候车时间短,C 值较低,而小站计算系数相对比较高,C 值参见表 1-4。

表 1-3 年波动系数 K 值

地区	年发送人数及城市性质	K 值
农村	10 000 人以下	1.50~3.00
	10 000~30 000 人	1.35~1.90
	30 000~100 000 人	1.30~1.80
	100 000~200 000 人	1.30~1.60
风景旅游区	—	1.30~1.50
城市	200 000~500 000 人,县所在地	1.25~1.60
	500 000~1 000 000 人,地区所在地	1.25~1.50
	1 000 000 人以上	1.25~1.35
	省会所在地	1.25~1.35
	特大城市	1.30~1.40
	工矿区	1.15~1.25

表 1-4 计算系数 C 值

最高月份的日平均旅客上车总人数/人	C 平均值/(%)	C 值域/(%)
1000 以下	62	50~75
1000~2000	49	39~60
2000~3000	41	30~50
3000~4000	35	28~43
4000~5000	30	24~38
5000~6000	26	21~33
6000~7000	23	19~29
7000~8000	21	18~26
8000~9000	19	17~23
10 000 以上	18	16~23

以上数据在新建铁路建设中由经济调查人员提供。对已交付运营的既有线路上的新建站房,如该站有历年完整的客流量统计资料,可按式(1-2)直接推算其值:

$$H=F(1+P)^T C \tag{1-2}$$

式中　H——设计年度旅客最高聚集人数;

　　　F——统计年度该站最高月份的日平均旅客上车人数;

P——年上车人数平均增长幅度(%)，P 值可根据历年上车人数平均增长幅度，结合该站今后客流的增长趋势综合确定；

C——该站历年旅客最高聚集人数占相应年度最高月份的日平均上车人数的比例(平均值)；

T——统计年度至设计年度的年数，一般规定为 10 年。

市郊旅客占比例较大的铁路客站需要单独设置市郊旅客厅时，普通旅客最高聚集人数应减去市郊旅客人数。市郊旅客的最高聚集人数可按式(1-3)计算：

$$H_1 = \frac{S_1 KC}{365} \tag{1-3}$$

式中　H_1——市郊旅客最高聚集人数；

　　　S_1——设计年度全年上车的市郊旅客总数。

2) 全年上车旅客总数

铁路客站全年上车旅客总数，主要受车站吸引旅客的区域内的城市人口及其乘车率的影响。上车旅客总数可按公式(1-4)计算：

$$S = NL + N_1 + \frac{G}{2} + J \tag{1-4}$$

式中　S——全年上车旅客总数；

　　　N——直接吸引范围内的人口，包括铁路客站所在地及其附近地区(约距离车站 30 km 半径内)的城镇居民点人口总和；

　　　L——旅客乘车率，指按城市总人口平均每人一年中的乘车次数；

　　　N_1——间接吸引范围内的旅客人数，这部分旅客是通过其他交通工具的联系，从直接吸引范围以外地区来站乘车的；

　　　G——市郊旅客年发送人数，但不包括通勤、通学旅客在内(因他们在站逗留时间很短，基本上不占用站房)，市郊旅客与普通旅客相比在站时间短，故在计算上车旅客总数时将市郊旅客年发送人数折半考虑；

　　　J——年中转旅客总数，它与城市的政治、经济、文化水平，车站在路网中的位置，接轨方向，旅客列车起止点等因素有关。新线各站设计时尚无中转旅客流的统计资料，可比照运营线上条件相近车站的情况分析确定。年中转客总数不包括直接在站台上换乘的中转旅客人数。

1.2.3　分类和规模等级对建筑设计的影响

1. 建筑规模等级对建筑设计的影响

不同建筑规模的铁路客站，对客站基本站房的配置有不同要求，具体要求参见铁路客站基本房间分类及配置表(见表 1-5)。

表 1-5　铁路客站基本房间分类及配置表

房间分类		房间名称	设置要求							说明
			小型站		中型站		大型站		特大型站	表中符号"—"为不设
			较小	较大	较小	较大	较小	较大		
		综合候车厅	应设	应设	应设	应设	应设	应设	应设	候车区与营业设施组合在一个空间内
	候车室	普通候车区（室）	—	宜设*	宜设*	宜设*	应设*	应设	应设	*在平面布局中，也可设计为候车区大厅
		候车区大厅	应设	应设	应设	应设	应设	应设	应设	候车区与交通空间组合在一个空间内
		母子候车区（室）	—	—	应设	应设	应设	应设	应设	
		贵宾候车区（室）	—	—	宜设	宜设	应设	应设	应设	在贵宾较多的站设置
		软席候车区（室）	—	—	—	—	—	宜设	应设	
		中转候车区（室）	—	—	—	—	—	宜设	宜设	
		团体候车区（室）	—	—	—	—	—	宜设	应设	
客运用房	售票处	售票厅	—	—	宜设	宜设	应设	应设	应设	小型站不设单独的售票厅
		售票室	应设*	应设	应设	应设	应设	应设	应设	*规模较小的站可与行李、包裹房合并设置
		票据室	—	宜设	应设	应设	应设	应设	应设	
		办公室	—	—	宜设*	应设	应设	应设	应设	*可在售票室内设置办公位置
		进款室	—	—	—	—	—	应设	应设	
		总账室	—	—	—	宜设	应设	应设	应设	
		电话订、送票室	—	—	—	—	宜设	应设	应设	有始发车的车站应设订、送票室
		微机室	应设	应设	应设	应设	应设	应设	应设	
		自动售票机	—	—	宜设	宜设	应设	应设	应设	自动售票机宜设置在进站流线上
	行包房	行李、包裹托取厅	—	—	宜设	应设	应设	应设	应设	
		行包托取作业室	—	—	应设	应设	应设	应设	应设	
		行李、包裹仓库	应设	应设	应设	应设	应设	应设	应设	
		行李、包裹办公室	—	—	—	应设	应设	应设	应设	
		行李、包裹计划室	—	—	—	—	—	应设	应设	
		行李、包裹主任室	—	—	—	—	—	应设	应设	

续表

房间分类	房间名称	设置要求							说明
		小型站		中型站		大型站		特大型站	表中符号"—"为不设
		较小	较大	较小	较大	较小	较大		
客运用房	行李、包裹票据库	—	—	—	—	—	—	应设	
	路内用品收发室	—	—	宜设*	宜设*	应设	应设	应设	*铁路局或办事处所在车站予以设置
行包房	装卸工人休息室	—	—	宜设	应设	应设	应设	应设	
	搬运车库	—	—	—	宜设	应设	应设	应设	
旅客服务用房	问讯处、服务处	—	宜设*	应设*	应设	应设	应设	应设	*一般可兼办小件寄存
	售货处	—	宜设	应设	应设	应设	应设	应设	
	邮电处	—	—	—	宜设	应设	应设	应设	
	小件寄存处	—	—	宜设	应设	应设	应设	应设	
	失物仓库	—	—	宜设	宜设	应设	应设	应设	
	失物招领处	—	—	—	—	宜设	宜设	应设	
	旅客厕所	应设	应设	应设	应设	应设	应设	应设	
	旅客盥洗间	—	—	宜设	应设	应设	应设	应设	
	医务与防疫室	—	—	宜设	宜设	应设	应设	应设	
客运管理用房	广播室	—	宜设	应设	应设	应设	应设	应设	
	客运室	—	—	宜设	应设	应设	应设	应设	
	客运计划室	—	—	—	宜设	应设	应设	应设	
	客运交接班室	—	—	—	宜设	应设	应设	应设	
	服务员室	—	宜设	应设	应设	应设	应设	应设	若客运室位置合适，可合并设置。有时检票员室也可与服务员室合并
	检票员室	—	—	—	宜设	应设	应设	应设	
	补票处	—	—	—	宜设	应设	应设	应设	可与出站检票员室合并
	清洁用具室	—	—	宜设	应设	应设	应设	应设	
	集散厅	—	—	—	—	宜设	宜设	宜设	主要为交通联系空间并可布置进站安检设施
	营业广厅	—	宜设	宜设	宜设	宜设	—	—	营业及交通空间组合在一个空间内

房间分类	房间名称	设置要求							说明
		小型站		中型站		大型站		特大型站	表中符号"—"为不设
		较小	较大	较小	较大	较小	较大		
客运用房	出站广厅	—	—	—	—	—	宜设	宜设	有时设计为出站走廊
	市郊候车区厅	—	—	—	—	—	宜设	应设	市郊旅客较多时,专设市郊候车区厅
技术作业用房	运转室	应设	应设	应设	应设	应设	应设	应设	
	继电器室	应设	应设	应设	应设	应设	应设	应设	臂板电锁器联锁时可不设
	运转交接班室	—	宜设*	宜设*	应设	应设	应设	应设	*在区段站或其他有调车作业的车站上,一般均予设置。电源室、维修室等辅助用房,根据采用的联动方式及其他情况设置
驻站单位用房	值班室	—	—	应设	应设	应设	应设	应设	
	等候室	—	—	—	—	宜设	应设	应设	
	办公室	—	—	宜设	宜设	应设	应设	应设	
	所长室	—	—	宜设	宜设	应设	应设	应设	
	拘留室	—	—	—	宜设	应设	应设	应设	
	宿舍	—	—	宜设	宜设	应设	应设	应设	
	公安值班室	宜设	应设	—	—	—	—	—	
	海关办公处	—	—	—	宜设	宜设	应设	应设	在国际联运业务量较大或边境站上设置
	军事代表室	—	—	—	宜设	应设	应设	应设	
	卫生检查站	—	—	—	—	宜设	宜设	应设	
车站行政用房	站长室	应设	应设	应设	应设	应设	应设	应设	
	办公室	—	应设	应设	应设	应设	应设	应设	
	会议室	应设	应设	应设	应设	应设	应设	应设	
	客运主任室	—	—	应设	应设	应设	应设	应设	
	美工室	—	—	宜设	应设	应设	应设	应设	
	木工室	—	—	—	宜设	应设	应设	应设	
	总务仓库	应设	应设	应设	应设	应设	应设	应设	

续表

房间分类	房间名称	设置要求							说明
		小型站		中型站		大型站		特大型站	表中符号"—"为不设
		较小	较大	较小	较大	较小	较大		
职工生活用房	间休室	宜设	应设	应设	应设	应设	应设	应设	
	医务室	—	—	宜设	宜设	应设	应设	应设	一般与客站附近其他铁路单位或住站单位合并设置
	淋浴室	宜设	宜设	应设	应设	应设	应设	应设	
	职工食堂	宜设	应设	应设	应设	应设	应设	应设	
	开水间	宜设	应设	应设	应设	应设	应设	应设	可与职工食堂或锅炉房合并设置

2. 不同类型客站对建筑设计的影响

（1）不同的客运站场图式对旅客流线的规划、站房建筑设计、跨线设备设置有重大影响，因而，对客站总体规划和站房建筑设计影响甚大。

（2）不同基本用途的铁路客站对建筑设计的要求分别如下：

① 普通旅客中长、短途旅客的比例。长途和短途旅客的候车时间不同，候车区室大小应有区别。售票员发售长、短客票的售票能力不同，影响售票窗口的数目。

② 中转旅客与始发旅客的比例。中转旅客的多少，对中转签证处和中转旅客休息室的设置与否以及面积大小均有影响。

③ 普通市郊旅客的比例。市郊旅客的多少涉及是否设置单独的市郊旅客厅问题，即使不单独设厅，对站房的布局、客运用房的空间划分等都有一定影响。检票口的数量和通道宽度也有所不同。

④ 通勤、通学旅客在确定铁路客站的最高聚集人数时虽未考虑在内，但具体设计时，对这部分旅客使用的检票口、通道都应另外考虑。

⑤ 到达旅客、迎客人数以及免费乘车的儿童，均未包括在最高聚集人数之内。设计出站厅、出站检票口、母子候车区（室）等房间时，应区别各站这部分旅客的不同比例。

2　铁路客站场地设计

2.1　场地设计任务

在任何建筑设计初始阶段,都必须认真研究建筑场地(基地),包括地域、地点、地形、地质、日照条件、自然气候等。因为众多自然因素(如重力、阳光、风雨、雷电、水流、地震等)随时都作用于大地、人类以及人类的构筑物,所以人们通过对诸多作用因素的勘察与分析,概括出建筑场地的特质,并从建筑学的角度考虑与之相应的策略;同时,人类在场地中的活动也应有所筹划和组织,并遵守一定的规则,这就是建筑师们通常所说的"基地建筑化"。

2.1.1　场地设计的概念

1. 场地的概念

场地是指建造房屋、桥梁等建(构)筑物的地点、地基、场所、现场或遗址。场地的属性包括如下内容。

(1) 场地的自然属性:地形、地质、水、气候、植物、环境地理等。

(2) 场地的人工属性:即建筑的空间环境,包括周围的街道、人行通道、要保留的周围建筑、要拆除的建筑、地下建筑、能源供给、市政设施导向和容量、合适的区划、建筑规则和管理、红线退让、行为限制等。

(3) 场地的社会属性:历史环境、文化环境以及社区环境、小社会构成等。

2. 场地设计的概念

"场地设计"是"场地规划与设计"的简称,是为满足一个建设项目(含有单一建筑物或一定规模的群体建筑物)的要求,在基地条件现状和相关的法规、规范基础上,组织场地中各构成要素之间关系的设计活动。其根本目的是通过设计使场地中的建筑物与其他各要素形成一个有机整体,并使基地的利用达到最佳。

场地设计的宏观形态形成了包括用地划分、建筑物布局、交通流线组织、绿化系统配置等项内容在内的统筹运作;从微观的角度讲,场地设计的微观效果,体现了道路、广场、停车场、场地竖向、管线设施、景园设施等设计内容的细化和完善。

场地设计是对文化的体现,它反映了一个社会的形象。在场地设计中,自然环境与场地的关系是不可分割的有机整体。随着建筑事业的发展,场地环境在建筑创作中显示出越来越重要的意义,一件优秀的建筑作品如果没有良好的场地环境与之适应,会损害建筑自身的价值。建筑如果脱离了场地环境,无异于一堆孤立的砖瓦,缺乏生气,更谈不上建筑自身的韵律和情趣。

场地环境由于民族文化、宗教信仰、生活习俗、美学情趣、等级观念、社会差别、传统技艺的不同,具有不同的表现形式,显现出绚丽多姿的风采,在长期的建筑实践中形成了各具特色的不同体系。孤立地考察一幢建筑,必然会出现许多雷同现象,一旦结合场地环境条件,建筑就会有不同的表现。

场地环境在建筑创作过程中是一个重要环节,它不但从宏观上把握建筑的总体效果和气氛,体现建筑自身的风格,也有助于强化建筑的表现,体现出某种文化意识与传承。但在建筑实践中似乎有一种通病,建筑大多数只能局限于建筑自身而忽视了场地环境,其原因是多方面的,因为按现行的管理机制、经营投资模式,建筑只限于红线之内以求得最大效益,加上经济和时间的制约,致使场地环境在创作中有很大局限性。场地环境在创作中存在的问题,已引起建筑界的关注。场地环境包括自然环境、空间环境、历史环境、文化环境以及环境地理等,要进行综合考虑,才能达到良好的效果。目前结合自然、保护自然的问题已引起建筑界的普遍关注,场地设计的理论也在不断地完善。

3. 场地设计的内容

(1) 场地的前期策划,场地开发限制包括场地自身的限制、场地周围乃至整个城市或地区的限制。

(2) 场地选择,针对某一用途选择合适的场地。

(3) 场地分析,分析所有影响场地建设的各方面因素。

(4) 建筑布局,确定建筑物的位置及形状,布置道路网与建筑小品及绿化,进行竖向设计,确保建筑外部场地满足消防要求,保证建筑群有良好的环境质量和空间艺术效果。

(5) 城市公用设施(如市内停车场等)的场地设计。

(6) 场地调整及场地扩建。

总之,了解场地的地理特征、交通情况、周围建筑及邻里露天空间特征,考虑人的心理对场地设计的影响,解决好人流、车流、主要出入口、道路、停车场地、竖向设计、管线布置等,符合建筑限高、建筑容积率、建筑密度、绿化面积,符合法律法规的规定等是场地规划设计的全部内容。

2.1.2 场地设计与建筑设计的关系

场地设计贯穿于建筑设计全过程,与建筑设计一样,场地设计也分为初步设计和施工图设计两个阶段,它将配合建筑设计完成各个阶段的设计任务。

场地设计的概念同时包括两个尺度:一个是大型建筑物在城市规划及景观设计尺度上的阅读、改变和表达;另一个是小型建筑物尺度,它的作用是综合感官直接感受的日常生活的空间细节。这两种尺度的并存,要求对远与近有连续性的感性理解。对于建筑师来说,设计场地景观不是破坏场地,而是对场地进行变迁和改善。

初步设计阶段,主要进行设计方案或重大工程措施的综合技术经济分析,论证技术上的适应性、可靠性和经济上的合理性,并明确土地的使用计划、确定主要工程方案、提供工程设计概算,作为审批项目建设、设计编制施工图并进行有关施工准备的依据;其工作着重于场地条件及有关要求的分析、概念设计、场地总平面布局、竖向布置方案、场地空间景观设计等。

场地的施工图设计,则是根据已批准的初步设计编制具体的实施方案,并据此编制工程预算、订购材料和设备、进行施工安装及工程验收等。其工作主要包括场地内各项工程设施的定位、场地竖向设计、管线综合、绿化布置及室外工程设计详图的绘制等。

场地设计是对场地内的建筑群、道路、绿化等的全面合理的布置,并综合利用环境条件使之成为一个有机整体,在此基础上进行合理的功能分区及用地布局,使各功能区对内、对外的行为能合理展开,各功能区之间既保持便捷的联系,又具有相对的独立性,做到动静分开、洁污分开、内外分开等。其中,包括合理布置各种动线(交通流线、人流、物流、设备流)及出入口,减少相互交叉与干扰;同时,明确建筑群的主从关系,完善空间布置,并根据用地特点及工艺要求合理安排场地内各种绿化及环境设施等。

场地设计对单体建筑设计的制约很大,其位置、朝向、室内外交通联系、建筑出入口布置、建筑造型的设计处理等都应贯彻场地设计意图。同时,由于单体建筑设计还受到建筑物的使用功能、材料与工程技术、用地条件及周围环境等因素的制约,场地设计在一定程度上也取决于单体建筑的平面形式、建筑层数、形态、尺度、材料等;单体建筑设计如能妥善处理好这些关系,就会使设计更加经济、合理。

综上所述,场地设计与建筑设计是相互影响、相互依存的。从宏观角度看,场地设计是对场地总的布置和安排,属于全局性工作;从微观角度看,建筑群中的单体建筑设计,应按照局部服从整体的设计原则贯彻场地设计意图,否则将破坏建筑群体和场地环境及设施的统一性、完整性。

2.1.3 总平面设计

总平面设计在整个建筑设计过程中的地位十分重要,是关系到建筑建成营运是否合理、管理是否方便的关键,并影响到建筑的总体特征,也为建筑的主体功能分区和空间构成设定了构架。

我国的铁路客站一般由车站广场、站房、铁路客运站场三个功能区组成,铁路客站各分区之间的相互关系如图 2-1 所示。

我国传统的铁路客站总平面功能布局为三段式:客运站房,站房前设置一定面积的车站广场,站房后部为铁路客运站场。在当代中国,通过总结以往在铁路客站总体布局中的经验与教训,学习、借鉴国外先进理念,铁路客站总体布局已发展为立体组合模式。

1. 总平面设计的基本要求

1) 符合城市规划和城市发展的要求

铁路客站属城市大型公共建筑,必须符合城市规划的要求,与城市的发展相适应。同时,在城市规划中,亦应对铁路客站的总体布局予以支持。

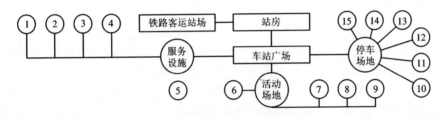

图 2-1　铁路客站总平面功能关系

1—餐厅;2—商店;3—邮电;4—旅馆;5—厕所;6—绿地;7—休息廊;8—交通设施;9—行人活动平台;
10—社会车辆;11—出租汽车;12—公共交通汽车;13—行李、包裹、邮件车;14—公安、工程用车;15—非机动车

2）充分利用地形,功能分区及布局合理

在方案设计之初,首先必须以总平面布局的经济性和合理性为前提,本着功能分区合理的原则,妥善安排铁路客运站场、站房、车站广场（及其停车场和附属建筑）等各部分的位置,满足铁路客站运营功能的要求,方便相互之间的联系。建筑布局应使建筑基地内的人流、车流与物流合理分流,防止干扰,并有利于消防、停车和人员集散。结合当地气象条件,使建筑物具有良好的朝向、采光和自然通风条件。

铁路客站一般征地较多,无论是大城市还是中小城镇,珍惜和合理利用土地同样需要认真实行。对于那些地形不完整的基地,布局紧凑应与合理利用地形相结合。

此外,应在建筑功能分区、道路布置、建筑朝向、间距及地形,绿化和建筑物的屏障作用等方面采取综合措施,以防止或减少列车和汽车的噪声对城市的影响,建筑间距应符合防火规范的要求。

3）流线简洁通畅,避免交叉干扰

分区明确、流线简洁是铁路客站设计的首要任务。铁路客站的总平面流线设计主要解决进出站客流,附属建筑出入人流,客运站服务人流,行李、包裹流线以及车辆的进出站流线关系等。应避免人流、车流和货流交叉混杂,力求做到路线短捷、顺畅,保证旅客能迅速、安全疏散。

站房部分内部流线较为复杂,在总图关系上可作为一个基本封闭的内容来处理。在总平面关系图中,主要可分为人员流线和车辆流线。车站广场的旅客人流活动区域应位于核心区域,方便到达每一个功能区,与车站广场的车辆区域合理设置,有利于人流的迅速疏散。此外,工作人员流线应尽量与旅客流线分开,并设置单独的工作人员出入口。

4）重视场地的绿化设计、竖向设计与照明

利用绿化提高铁路客站的环境质量,减少环境污染和噪声,创造良好的视觉环境。特别是位于风景区的客运站的总体布局,更应与当地环境相协调。铁路客站的停车场地范围一般较大,特别是特大和大型站可达数万平方米,做好竖向设计,处理好排水极为重要。停车场的照明应满足足够的照度,防止发生危险,并应防止产生眩光。

2. 车站广场

铁路客站属于人流集中的建筑,站房与城市道路间需要设置广场作为过渡空间,主要起到人流和车流集散作用。站房外的广场一般可以分成旅客活动区、公共停车位、服务区和疏散通道、绿化小品等几大区域。分区必须明确，并应注意节约用地。其中旅客活动区应接近站房的主入口，公共停车区应设于站前。广场的一侧包括出租汽车停车区或停靠站以及公共交通系统的停车区，以免干扰其他活动区；与停车区对应一侧可布置商业服务区。现在，越来越多的铁路客站成为城市综合换乘中心，与公共汽车到发场、出租汽车到发场、汽车客运站等结合在一起共用一个广场，这时更应注意协调几个车场的人流关系。车站广场还应布置一定的绿化，满足城市绿化要求。车站广场面积较小，设计布置必须紧凑合理，为日后的使用和管理工作创造良好的条件。

车站广场周围城市干道的位置、性质、流向和流量对广场的流线组织有较大影响，故应根据车站广场的地形特点及站房的具体情况，处理好车站广场中各种流线与城市交通流线的衔接问题。

车站广场的最小用地面积指标，客货共线铁路客站按最高聚集人数，而客运专线铁路按高峰小时发送量，面积指标均不宜小于 $4.8 \text{ m}^2/$人。最高聚集人数 4000 人及以上的铁路客站可设置立体车站广场。

应明确划分车流和客流流线，避免交叉。客流组成可分为旅客、接送旅客的人和行人三类，其中旅客为主要客流，旅客人流活动应位于核心区域，以利于人流的迅速疏散。车流主要包括社会车辆、出租汽车和城市公交车辆流线。对于接送旅客、购买预售票、托取行李或包裹而进入车站广场的机动车及非机动车，应指定停放场地，统一管理；出租汽车应该设置专用停车区；城市公共汽车终点站或停靠站，应设置于方便旅客疏散的客流量较大的主干道方向。此外，工作人员流线应尽量与旅客流线分开，并设置单独的工作人员出入口。各区域之间的车行和人行流线应尽量避免交叉。

车站广场的流线组织一般分为三种分流方式。一种是左右分流[见图 2-2(a)]，这是将车流、人流沿横向分布，人流右边进站，左边出站，车流按流向、流量分别组织在不同的场地，从而使人车分流，互不干扰；另一种是前后分流[见图 2-2(b)]，这是把人流、车流分别组织在前后两部分，前部行驶、停靠车辆、上下旅客，后部为旅客活动区域，旅客可安全进出站房，前后互不干扰，其缺点是车辆不能紧靠出入站口，增加了乘车到站旅客的步行距离；还有一种方式——平面综合分流[见图 2-2(c)]，这种分流方式结合了前面两种分流方式的优点，但占地面积较大。

3. 竖向、照明与绿化

1）竖向

竖向设计是对基地的自然地形及建筑物、构筑物进行垂直方向的高程（标高）设计。对铁路客车场地进行竖向设计的任务如下。

（1）利用和改造建设用地的原有地形，选择合理的竖向布置形式。

（2）确定建筑物室内外地坪，并确定构筑物关键部位、广场和道路的设计标高与坡度。

（3）组织地面排水系统，保证地面排水通畅。

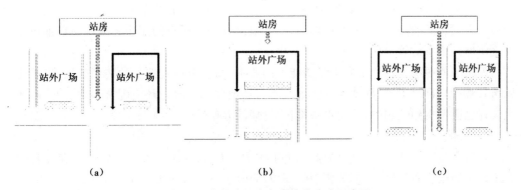

图 2-2 车站广场中各类流线分流示意图
(a) 左右分流；(b) 前后分流；(c) 平面综合分流

(4) 安排场地的土方工程，计算土石方填、挖方量，使土方总量最小，并使填、挖方量接近平衡。

(5) 进行有关工程构筑物(如挡土墙、边坡)与排水构筑物(如排水沟、排洪沟、截洪沟等)的设计。

为使铁路客站站房外场地的雨水能顺利排除，又不至于冲刷地面，场地平整坡度应根据当地暴雨强度、地面构造形式和材料而定。铁路客站停车场面积一般比较大，为了使停车场地排水通畅，排水坡度可略大，一般坡度为 0.5%，最大坡度为 6%。设计标高应适合雨水、污水的排水组织和使用要求，避免出现凹地。

2) 照明

车站广场和停车场的照明必不可少，用以保证在傍晚和夜间有良好的视觉条件，保障车辆和行人通行的方便、安全。同时，场内较好的照明设施亦能衬托出建筑物及绿化的艺术效果，起到丰富城市夜景、美化环境景观的良好作用。照度设计应综合考虑基本的照度要求，即鉴别物体和预防犯罪的照度需要，此外还要避免产生阴影，因为阴影可能使人摔倒，或给旅客带来不安全感。有研究表明，在灯具照射下要看清混凝土路面上的道牙所需的照度大约30 lx。如果从预防犯罪的角度考虑，要辨认10 m远处目标的面部特征，需要在地面以上 1.50 m 的高度安排至少 5～10 lx 照度的灯具。

停车场的照明应当是统一均匀的，灯具通常包括高压钠灯和金属卤化物灯。灯具布置和选用应避免汽车眩光，防止影响司机的行车安全，光源的位置应与司机的视线角度保持15°以上。落地灯应当布置在两排停车位的中线和各车位之间，具体的位置视灯具类型、灯具高度、照度等因素综合设计。

照明还被用来标示主要建筑物或出入口等重要部位，起到夜晚指示和导向的作用。用于标示的灯光设计应明显、突出、易于寻找，可利用局部加强照明或是与普通光形成强烈对比的有色光来处理。例如，如果高压钠灯的黄光被用于普通照明，那么金属卤化物照明设备所发出的白光，就能被用于标示汽车站的出入口。

停车场照明系统的布置，一般有单排、中心、双排交错、双排对称、周边式布置及集中式布置等形式。集中式布置即是将光源集中在一起,采用强光源并结合投光式照明的设置方式。其费用较大,但照度均匀、视觉效果良好。所有的照明管线应当在铺设地面之前埋入地下的管道中。

停车场的照明设计不仅要满足功能上的要求,尚应考虑其造型的艺术效果,以美化城市景观。灯杆、灯具的样式及布置形式要与场地周围建筑与环境配合协调。此外,照明设计也应考虑到使用时,照明设备维护、管理的方便性。

3）绿化

铁路客站广场须布置一定的绿化,包括草坪、花坛、灌木和乔木。绿化的存在会使急于赶车的旅客心情舒畅,改善嘈杂的环境,同时也满足了城市绿化的要求。

在停车场的周围,应该种植具有庞大树冠的树木,这些树木不但能够用它们的树冠遮蔽停车场,而且还有利于美化停车场的环境,起到净化空气和降低噪声的作用。在场地允许的条件下,绿化还可以作为停车场的隔离,既能有效分隔停车空间和组织停车场的交通流线,又能更好地为车辆遮阳并保护停车场地面。

选择的树种应适应停车场的环境,宜采用适应道路环境条件、生长稳定、观赏价值高、环境效益好的植物种类,并具有较强的抗旱和抗污染能力。树冠底部应保证距离地面 3.5 m 以上,应经常维护修剪底部树枝,防止伤害汽车。乔木应选择深根性、分枝点高、冠大荫浓、生长健壮且落果无危害的树种,在北方寒冷积雪地区则以落叶树种为宜。

2.2   场地总体布局

铁路客站总体布局的研究是铁路客站设计的起点。在铁路客站总体布局中,涉及客站各组成部分的规模需求分析、客站总体布局模式、各种交通方式间的换乘模式、客站与城市道路的衔接模式及功能空间布局等内容。

2.2.1   铁路客站的基本体系

铁路客站的功能体系由车站广场、站房和客运站场三个基本要素组成,铁路客站的总体布局主要就是要确定广场、站房和站场三大组成部分的规模和空间关系。

1. 车站广场

车站广场是联结铁路客站与城市的纽带,是铁路与城市公共交通体系换乘的主要场所。它是铁路客站的三大组成部分之一,与站房、站场在使用功能上有密切的关系,是铁路客站建筑设计中的一个重要环节。车站广场的功能主要有三种:交通功能、环境功能和城市节点功能。

（1）交通功能,是指组织旅客和各种车辆在广场上安全、迅速地集散,完成铁路和其他交通方式间的换乘。交通功能设计具体应包括以下两点。

① 广场交通与城市交通的衔接。

② 广场上各种场地的规划布局,如车行通道、停车场和乘降站点、步行活动场地的

布置、人行通道的布置等。

（2）环境功能，是指车站广场能营造良好的城市环境空间，为旅客提供舒适、便捷的换乘环境，为市民提供祥和、美好的宜居空间。

（3）城市节点功能，是指广场联系周边、吸引周边的功能，是车站广场发展成为功能复杂的城市节点后所具备的主要功能。

2. 站房

（1）站房是铁路客站的重要组成部分之一，一般位于客运站场和车站广场之间，在三者共同构成铁路客站功能中，起到了纽带和核心的作用，其功能有以下三个方面。

① 为旅客办理一切旅行手续和提供方便、安全、舒适的候车条件。

② 为旅客在城市内外交通工具之间提供便捷、高效的换乘条件。

③ 为旅客在旅行中提供周到的客运服务和各种综合延伸服务。

（2）站房是铁路客站建筑的主体，站房可划分为供旅客使用的公共区和客站运营管理作业所需要的非公共区。公共区包括集散厅、候车区、购票厅、行李和包裹托取厅等；非公共区包括售票室、行李和包裹房等。

站房内可供旅客使用的房间及设备为：已检票区，如绿色通道和进站通廊；非付费区，如集散厅、候车区、购票厅、行李和包裹托取厅、旅客服务设施、出站厅等。

候车空间根据客流情况确定。非公共区的各类房间和设备应根据客站的等级、规模和性质等具体要求配置。

3. 铁路客运站场

（1）铁路客运站场设施包括：① 列车到发线路；② 供旅客乘降与行李、包裹装卸的站台；③ 站台雨棚；④ 跨线设施，如天桥、地道和平过道。

（2）铁路客运站场的主要功能是完成旅客的乘降、换乘，行李、包裹的托运，以及列车的停靠和驶离。客运站场是铁路客站的设计基础。

2.2.2　铁路客站的总体布局

1. 铁路客站各组成部分的规模需求分析

铁路客站总体布局规划的首要内容，就是根据客站引入线路情况和客站定位，结合客流分析预测结果，确定车站广场、客运站房和铁路客运站场各组成部分的规模。一般来讲，引入线路的条数越多，客站等级越高，各组成部分的规模需求也就越大。客站广场、站房内部各组成部分的面积及规模由预测的客站最高集聚人数和高峰小时发送量来确定（有关内容见本书第 1 章 1.2 节）。对于当代铁路客站而言，尤其是衔接交通较为复杂的铁路客站，随着交通需求预测理论的不断完善，除预测客站最高集聚人数和高峰小时发送量外，还应预测包括铁路、长途客运、城市轨道交通、常规公交、出租汽车、旅游车、客车等各种交通方式的客站总的集结客流量和疏散客流量，以及各种交通方式之间换乘客流量。有了这些预测数据，才能更好地确定各交通方式场站类设施和换乘通道类设施的规模。此外，还要根据客站规模和等级确定客站景观环境空间、商业服务业空间、防灾避难空间等各类非交通空间的面积。

2. 铁路客站总体布局模式及各交通方式换乘模式的确定

确定了铁路客站各组成部分的规模,再根据铁路客站所处的地形条件和铁路客站周边城市规划条件,确定铁路客站总体布局模式。对于平原地区的中小型铁路客站一般采用平面布局模式;而大型、特大型客站和山地城市的一些客站,应结合实际情况采用立体布局模式。此外,还应根据各交通方式之间换乘客流量,理顺各交通方式之间的换乘关系及流线,综合运用平面换乘、垂直换乘等换乘手段,确定各交通方式换乘模式,尽可能减少车辆流线与人行流线之间的交叉。

3. 铁路客站与城市道路的衔接及功能空间布局

根据客站规模、总体布局模式及各交通方式的换乘模式,结合客站周边规划路网和地形条件,确定客站与城市道路的衔接模式。对于中小型客站一般采用平面衔接;对于大型、特大型客站可根据实际情况采用立体衔接,即设置进出客站的立交设施以及在衔接的城市道路建设高架桥或隧道。此外,还要根据铁路客站各组成部分的规模和总体布局模式,结合客站流线组织,确定长途客站、城市轨道交通车站、公共交通汽车站、出租汽车站、社会车辆停车场等交通空间的布局,以及步行集散空间、景观绿化空间、商业空间等功能空间布局。

2.2.3   铁路客站总体布局的基本要求与发展趋势

1. 铁路客站总体布局的基本要求

根据对当代铁路客站总体布局内容及影响因素的分析,结合铁路客站的发展趋势,当代铁路客站总体布局应满足以下基本要求:铁路客站各组成部分的规模确定合理;总体布局模式适宜;车站广场交通组织方案遵循"以人为本、公交优先"的原则,各交通方式换乘模式和交通站点布局合理;铁路客站与城市道路、城市轨道交通的衔接便捷;各种流线简捷、顺畅;建筑功能多元化、用地集约化,并留有发展余地;客站地下空间统筹考虑、综合利用。

2. 铁路客站总体布局的发展趋势

当代铁路客站,特别是大型、特大型铁路客站,总体布局随着客站设计理念的更新,呈现出一些新的发展趋势。

1) 立体化空间组织

以往铁路客站多采用广场、站房、站场的三段式平面布局模式,即使部分客站采用了立体化组织模式,也多是站房与车场的立体布局(如上海站、北京南站的高架候车模式)以及广场的立体化模式(如广场设置多层空间)。而当代铁路客站立体化空间组织的发展趋势是将广场、站房、站场进一步整合,实现"广场、站房、站场"的一体化空间组织,使换乘更为方便、快捷。

例如,北京南站采用了综合式立体布局:高架式站房使站房、站场立体化;围绕站房的高架环形车道把广场的换乘功能以立体形式引入站房;"站桥一体"的结构模式使站场和客站的地下空间呈立体布局,使站台下的地下空间实现了换乘功能(见图 2-3)。

再如,全地下的深圳福田站:地下一层为客流转换层,地下二层为站厅层,地下三层为站台层。福田站的"总体布局"将传统意义的广场、站房、站场功能组织在立体化三个层面上,以竖向流线相互串联(见图 2-4)。

2)复合化空间使用

复合化空间使用也是当代铁路客站总体布局的发展趋势之一。以往铁路客站的广场、站房、站场有其

图 2-3 北京南站高架候车区

图 2-4 全地下的深圳福田站剖透视

明确的任务分工,其各组成部分功能也较为单一。从当代铁路客站的发展趋势来看,这种分工明确、功能单一的空间使用模式不能适应未来铁路客站的发展要求,复合化空间使用是当代铁路客站总体布局的发展趋势。

复合化空间使用包含以下两方面内容。

(1)客站各组成部分功能空间的拓展,如广场由单一交通功能发展为城市节点功能、城市开敞功能功能等多种空间的复合,还有站房内商业、服务业空间的适当引入等。

(2)客站三大组成部分功能空间相互穿插,如随着客站"通过性"要求的增强,站台也承载着一定等候性空间的功能,换乘空间则向站房、站台下层的地下空间不断延伸。

3)人性化空间规划

客站的总体布局要从"人"的角度考虑,把空间可读、导向明确作为客站总体布局的

要点。当缺少出行经验的旅客置身于一个陌生的环境,尤其面对铁路客站这样一个繁杂的交通场所时,如果铁路客站忽视空间导向设计,旅客往往会感到茫然,并易产生急躁和不安情绪。因此,针对旅客的这一心理需求,规划出具有可读性的客站空间,使缺少出行经验的旅客能够快速读懂客站空间,也是客站总体布局的发展趋势之一。如新武汉站的进站大厅(见图 2-5),是一个覆盖在站台和高架候车区之上贯通的大空间,旅客进入大厅就可以对整个客站的布局一目了然,进而选择自己的行进方向。

图 2-5　新武汉站进站大厅

　　进站大厅是一个大跨度流线型金属屋盖,采光充足,四边是环形商业广厅,旅客在中庭可以居高临下看清站台列车发车情况。

　　武汉站利用高架轨道下 12 m 空间,设计一个出站夹层,夹层下设置各类车辆停车场,出站旅客通过天桥和各种垂直交通工具(电梯或楼梯)到达各公交站台、停车场,完全实现人车分流。出站人流是单向向下流动,不走回头路。新武汉站可实现铁路干线、地下铁路、公路等紧密衔接,实现"无缝"换乘或短距离换乘。

　　4) 客站地下空间的统筹利用

　　客站地下空间是丰富与完善客站功能的重要组成部分,特别是大型客站地下空间对于客站立体化空间组织的实现起着重要作用。大型客站一般站台及轨道数量较多,有些客站站场宽度在 200 m 以上,因此,应将站场下部空间与广场地下空间统筹考虑,使其成为一个有机的整体。站场地下空间利用工程难度相对较高,投资相对较大,要适度合理地利用,主要作为地铁的站厅及连通客站两侧广场的通道,而对于客站停车场、地下商业开发等用途的地下空间需求,应优先考虑利用广场地下空间。

　　5) 中小型客站的简约化

　　在大型铁路客站走向综合化的同时,很多中小型客站尤其是小型客站则朝着简约化方向发展。对中小型客站而言,一方面,中小型客站服务的主要是"通过式"列车,停站时间很短,上下客流少,可采用站台候车模式;另一方面,中小型客站短途和城际客流相对较多,要求流线简单,快速通过。因此,要求客站总体布局紧凑、清晰,候车区不宜过大,并且在站台提供候车空间。同时,随着售票网点的发展,以及网络、电话售票机制的健全,可大大减少旅客因购票产生的等候时间,在缓解站房人流压力的同时,也逐渐对站房的内部空间形态产生影响。此外,行李、包裹托运方式的改革也进一步促进了中小型铁路客站功能的简单化和清晰化。

2.2.4 铁路客站总体布局特点及模式

1.铁路客站总体布局特点

通过对铁路客站总体布局发展趋势的分析,当代铁路客站总体布局应具有以下几个特点。

(1)人性化要求,这是铁路客站总体布局的根本要求。必须从旅客的角度出发,切实地分析和掌握人在客站中的活动规律,将"以人为本"的理念体现于规划设计的各个环节之中。人性化要求主要体现在提高换乘速度和安全性、减少换乘障碍、改善换乘环境、提高空间可读性等诸多方面。

(2)以流为主,是指客站总体布局应以流线设计为主,以流线达到明确清晰、短捷通畅、互不干扰的设计目标,是合理布局的依据。同时,"以流为主"也是提倡以流动的观念对待客站总体布局,即不能简单地将铁路客站设计成人员滞留的场所和庞大的停车场地,而应强调它在流动中形成的高效率。

(3)以功能需求为导向。客站总体布局的目的是更好地实现客站的功能,因此,客站布局应以客站整体及各组成部分的功能需求为导向,分清主次、统筹兼顾,实现功能的总体最优。

(4)节约用地。节约用地是对社会资源的有效利用,因此,在铁路客站的总体布局中,应相对合理地确定客站各组成部分的规模需求,根据需要采取节地的布局模式,在满足客站功能要求的前提下,尽可能少占用土地。

(5)动态发展。"交通"本身就是一个动态的概念,它是随着社会的发展而变化的。作为综合交通体系中一个有机的组成部分,铁路客站必须具备对这种变化的适应能力。交通需求的增长、新交通方式的引入和客站周围用地的开发都会给客站的总客流量和铁路客流量带来非线性的急剧增长,这要求铁路客站总体布局必须考虑到这种发展过程中的变化,适应未来发展的要求。

(6)公交优先。交通设施要为大多数人的使用提供方便,因此,铁路客站总体布局应注意权衡各种交通方式的可达性优先权,大多数人使用的交通工具的场站设施位置和可移动性要优于少数人使用的交通工具。

(7)与城市规划相结合、融入城市环境。铁路客站总体布局应考虑与客站周边区域的城市规划的有机融合,使车流、人流能够方便地进出客站。此外,还应按站区城市设计和景观设计的要求,将其塑造为具有现代化都市特色的交通空间,创造出令人满意的、具有明晰空间特色的总体布局形态(见图2-6)。

2.当代铁路客站总体布局模式

按照广场、站房和站场相互之间的位置关系,铁路客站总体布局模式可分为平面布

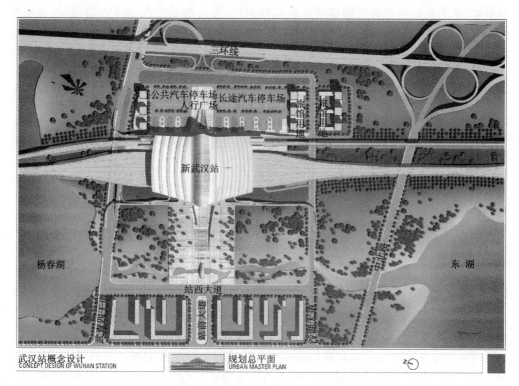

图 2-6 新武汉站规划总平面图

局模式,站房与站场立体布局模式,广场立体布局与站房、站场立体布局组合模式和综合式立体布局模式。相对于平面布局模式,后三种模式属于立体布局模式。

1) 平面布局模式

平面布局模式的铁路客站的广场、站房和站场三大部分在平面上依次布置,形成三段式的平面布局结构。平面布局模式适合于中小型铁路客站。平面布局模式的客站与城市道路一般采用平面衔接,包括 T 形衔接(尽端式广场)、一字形衔接(与干道平行)和放射形衔接三种模式(见图 2-7)。

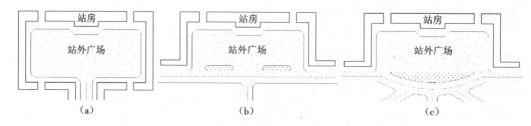

图 2-7 平面布局模式的客站与城市道路的衔接

(a) T 形衔接;(b) 一字形衔接;(c) 放射形衔接

2) 站房与站场立体布局模式

站房与站场立体布局模式的站房、站场采用立体式布局。按站房和铁路站场的位置关系,可分为线上式站房布局模式和线下式站房布局模式。如长春站、沈阳北站(见图2-8)等客站就是采用这种立体布局模式。站房与站场立体布局模式在平原地区一般适用于大型客站,但在山地城市,有些客站虽然规模不大,也可依据地形条件采用线上式或线下式布局模式。站房与站场立体布局模式的客站与城市道路的衔接应根据客站规模及周边道路条件、地形条件来确定采用平面衔接或立体衔接,如在城市道路上设置立交设施

图2-8 沈阳北站

或引出匝道与客站内部道路直接相连,使各类车辆能够快速地进出客站。

3) 广场立体布局与站房、站场立体布局组合模式

广场立体布局与站房、站场立体布局组合模式的铁路客站除站房与站场采用立体布局模式外,客站广场也采用多层布局。其目的是将进出站的各类车流、人流疏散开,减少车与人、车与车之间的相互冲突和交叉。杭州站(见图2-9)、南京站等客站都采用了广场立体布局与站房、站场立体布局组合模式。广场立体布局与站房、站场立体布局组合模式的客站与城市道路的衔接一般采用立体衔接模式。

图2-9 杭州站立体布局

4) 综合式立体布局模式

综合式立体布局模式的客站,是将传统意义的广场、站房、站场进一步整合,将其功能组织在立体化的三个层面上,实现广场、站房、站场的一体化空间组织。综合式立体布局模式最典型的代表就是北京南站(见图2-10)、福田站(见图2-4)。北京南站站房整体高架在站场上,原来主要在广场完成的与城市交通换乘功能也被部分引入到车场下的地下空间或以高架方式引入站房。福田站采用全地下方式,地下一层为客流转换层,地下二层为站厅层,地下三层为站台层。综合式立体布局模式一般在大型客站上采用,因此,综合式立体布局模式的客站与城市道路的衔接应采用立体衔接模式,并规划设置多条进出客站的衔接道路,使车辆从不同方向都能够快速进出车站,同时满足出租汽车送客后排队等候接客的要求。

图 2-10　北京南站剖透视

2.3　场地道路交通组织

2.3.1　铁路客站广场交通的特点

1.车站广场的性质

车站广场是铁路客站必不可少的组成部分。其性质是为乘降铁路列车的旅客换乘城市交通和行李、包裹、邮件的安全、迅速集散,以及各种车辆通过或停放的专用广场,但也往往停放各种社会车辆。

车站广场分为步行广场和停车场,类似其他大型公共建筑基地内建筑物前面的室外活动空间,是铁路客站的重要组成部分。车站广场又不同于城市的公共广场,它具有特定的交通运输功能,应该对其建立起明确的运行效率、容量规模、通过能力等概念。它的各种专用设备(如公交乘降场等)的规模、布局和交通组织的确定,关于铁路旅客运输设备的规模、布局和运输组织的确定,应具有严密的科学性。

1) 车站广场的范围

车站广场的范围应该有统一的划界条件,以便统一设计口径。对车站广场范围划界的条件是:铁路站房建筑基本部分平台的外缘至所临城市道路红线或配套建筑基地边缘为广场进深;两侧配套建筑基地边缘之间为广场面宽(见图 2-11)。

2) 车站广场划界的原则

有平行于铁路客站站房过境道路的广场,广场范围以靠近铁路客站一侧的道路红线为界,广场与过境道路之间应有绿地等隔离设施,绿化隔离带划入车站广场范围。

如果城市道路为铁路客站专用(非过境路),其车站广场的边界应划到道路另一侧

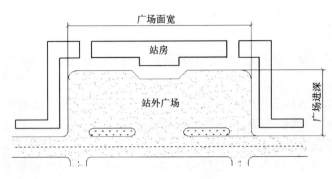

图 2-11　车站广场划界

红线处。非过境的铁路客站专用路划入车站广场范围。

3）行李、包裹广场

此类广场按其性质亦应划为车站广场部分,其界线为行李、包裹房前平台边缘线,货运汽车的停车场则划归车站广场,以便统一组织广场机动车辆的交通流线。

2. 车站广场的组成内容与基本要求

根据车站广场的性质,应明确其组成内容与基本要求。

1）旅客步行广场

旅客步行广场,包括站房前突出的平台和伸入各种专用车辆到发场的半岛式步行区,以及与城市道路(步行道)相连的步行道,如有高架的步行道系统或地下较宽阔的通道,也应包括在内。

各部位的联络步行道,宽度不得小于表 2-1 的要求;各部位联络步行道及站房前突出平台的地面,应高于车行道路面,其高差宜选用 150 mm 左右;步行道穿越车行道时,应将地面高差处理成不小于 1/6 的坡度;在指定无障碍通行路段,其坡度宜采用 1/12,并在车行道上标定人行横道线;主要步行道与其他部位连接时,宜用绿化、栏杆等适当分割;要为旅客活动地带创造一个较为安静和避开行车干扰的环境。

表 2-1　步行道最小宽度(m)

步行道类别	特大型站	大型站	中型站
主要道路	8.0	6.0	4.5
次要道路	6.0	4.5	3.0

2）机动车到发场

包括停车场和行车道。应为公共汽车、出租汽车、个人车辆、铁路行李或包裹车辆划分各自的停车场及行车道路,还应设自行车行车道和存车场。

3）绿化与建筑小品

绿化包括与城市道路之间的绿化隔离带、旅客步行广场中的绿地、站房前平台中的花池等。建筑小品包括喷水池、雕塑、亭台、钟塔、旗杆等。

4）其他设施

车站广场还需要设置广场照明、交通标志、建筑投光照明、公共厕所、垃圾站管理用房等设施。

车站广场除应包括上述内容外，还有为方便旅客或提高经济效益的服务性建筑，如金融、邮电、联运等，其停车场均不应占用车站广场。

3. 车站广场道路交通规划与组织原则

（1）"以人为本，以流为主"，方便旅客第一。要把旅客进出站的步行距离压缩到最短。

（2）广场上要人车分流，广场上人流、车流与站房内旅客的进出流线要衔接、配合合理、便捷、安全。

（3）为避免人流与车流、车流与车流之间的相互交叉，需要采取一定数量的立交方式，但同时要考虑广场的景观效果，以及经济与使用上的可行性、合理性。

（4）广场周围建筑高度与广场的比例适度。

（5）广场内建筑群既要烘托主体（站房），做到主次分明，又要力求风格、造型的协调、统一。

（6）应注意运用广场与站场的地坪高差，使广场向立体化发展，把节约土地、紧凑布局与功能效率同经济效益、环境效益综合考虑。

（7）要考虑到地铁和多种交通工具，以及铁路客站两侧之间，均宜按单向交通组织多种车流。自行车场的布置，不宜过分集中，尽可能采用地下、半地下方式。在各进入广场的路口处就地存车，避免骑自行车穿行广场。

（8）各种停车场地，应依据铁路客站规模和当地各种车辆预测发展水平设置。

（9）人流组织除考虑到正常的人流集散规律外，还必须考虑到特殊场合，如广场迎宾以及迎新生、欢送毕业生和运送复转军人等特殊需要，要留有余地。

2.3.2 铁路客站广场交通场站的设置

公共汽车、出租汽车和地铁等公共交通工具，担负着车站广场 70%～80% 的客流集散负荷，公共交通场站是车站广场的基本交通设施。自备车辆停车场、自行车存车场等也是铁路客站广场的重要功能区。地铁车站的设置将在下一小节专门介绍。

1. 公共汽车场

公共汽车场由三部分组成：公共汽车到达场和公共汽车发车场及其台位；乘客乘降站台及其雨棚；汽车通道。公共汽车到达场与发车场合并设置时称"到发场"。

1）到达场与发车场的设置方式

由于现代铁路客站功能综合化以及经济发展后客流的迅猛增长，车站广场的车流量也在不断地增长。因此，公共汽车到达场或发车场的设置方式也发生了相应的变化。如上海站，采用公共汽车到达场与发车场分开设置的方式，这种设置流线交叉较少，效果较好。

目前,公共汽车到达场与发车场,有分开设置与合并设置两种方式(见图 2-12)。

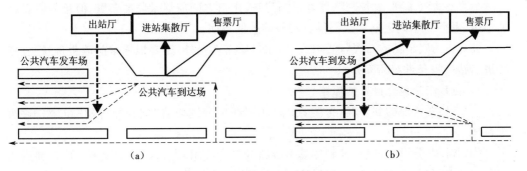

图 2-12　铁路客站广场功能关系

(a) 公共汽车到、发场分开设置;(b) 公共汽车到、发场合并设置

(1) 分开设置方式是将公共汽车到达场(乘客下车区)设置在临近站房的进站口,将公共汽车发车场(乘客上车区)设置在临近站房的出站口[见图 2-12(a)]。优点是:进站旅客流线与出站旅客流线不交叉,公共汽车场内下车与上车流线不交叉,流线通畅、功能明确,避免两股反向客流交叉;铁路旅客换乘便捷、效率高,步行距离短。缺点是:市民换乘不同路线公共汽车不方便;多条公交路线车辆同时到达时,车辆过于集中,车站主入口易发生堵塞。

(2) 合并设置方式是较为传统的做法[见图 2-12(b)]。公共交通场站的设置主要从进站客流相对分散,出站客流非常集中来考虑。出站旅客,经过较长的旅途,体力消耗很大,一般将公共汽车到发场设置在出站口附近,这种方式多用于客流较小的中小型铁路客站。优点是:公共汽车到发场集中,便于管理,节省人员;市民换乘不同路线公共汽车方便。缺点是:旅客进站、出站和公共汽车下车、上车两股方向不同的旅客流线在公共汽车场内交叉干扰;进站旅客步行距离长。

比较两种设置方式,从"以人为本,以流为主"的原则出发,公共汽车到、发场分开设置的方式在公交线路较多的大型铁路客站具有一定的优势。

2) 公共汽车场与铁路进、出站口的布置关系

大部分铁路旅客使用城市公共交通系统,公交到、发场与铁路客站进、出站口的相对布局,直接关系旅客步行距离、方便程度以及集结与疏散的速度,这是布置公共汽车场的主要着眼点。其布置关系应注意以下几点。

(1) 公共汽车到达场应接近进站口;当铁路客站有两个方向相反的出站口时,应为公共交通分别设置两组到达场和发车场,或两个到发场。这种布置关系,便于出站旅客就近换乘公共汽车,充分发挥两个出站地道的作用,迅速疏散出站旅客。

(2) 当铁路客站分设主、副两个广场时,副广场至少应对应其主出站口,设置一个公共汽车到发场或发车场。

(3) 当铁路客站采取地道出站方式,且客流较大时(如始发、终到站),公共汽车发车

场或合并设置的到发场与旅客出站地道,宜采用地下联络通道,以避免出站客流在地面上与公交车辆流线交叉。

(4) 公共汽车到、发场与铁路客站站房进、出口之间应尽量紧凑布置,但是需留有缓冲地带,以便为不同去向客流提供所需要的疏散空间。

(5) 公共汽车场的布置除要与进、出站口紧密衔接外,还要根据站前道路布局、公交车进出路口等条件统筹安排。

3) 公共汽车台位设置的原则

(1) 到、发合设的到发场,每条公共汽车路线应分别设置"到达与待发"和"发车"两个台位。

(2) 到、发分设的车场,其到达场不分路线混合使用,当到达台位较多时可将到达场划分为两个区段:一是乘客下车区段(以 3~4 个台位为宜);另一个是到达车等待区段——发车场。原则上按各条路线固定发车台位,对于客流量较小的路线,也可安排两条线共用台位。

4) 公共汽车场的布置与设计

(1) 到达场的布置。根据旅客进站较为分散的特点,采用岸线式公共汽车停车台位乘客下车站台的布置方式(见图 2-13),并划分为下车岸线区和等待岸线区两部分,以便控制下车岸线的长度在 80~100 m,可供 4 辆车的乘客同时下车。等待区为了控制岸线长度,可设并列两条以上停车等待线。

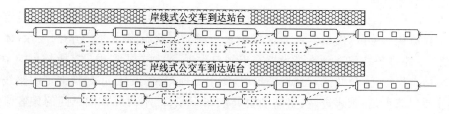

图 2-13 公共汽车岸线式到达车场

在到达场,需设置直行的公共汽车行车线,以便不需停车的车辆通过。

(2) 发车场的布置。根据旅客出站客流集中,需要及时疏散和使公共汽车由到达区便捷地进入各自的发车台位,通常采用岛式布置方式(见图 2-14)。

岛式布置方式对于公共汽车的驶入、驶出更加方便,各路线发车相互干扰少,乘客分台上车秩序好。其最大的问题是乘客进入各岛时,与公共汽车通行发生人车交叉,降低了换乘效率,且不安

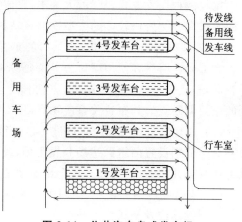

图 2-14 公共汽车岛式发车场

全。为了避免人车交叉，在客流较大的发车场，要采取乘客天桥或地道等跨线设备。究竟采用天桥还是地道方式，要由旅客出站口的形式确定。如采用地道出站，则公共汽车发车场就应相应地配置地道方式，且两个地道必须在地下紧密相连。

岛式站台之间要有一条行车专线、一条发车线，必要时再设一条备用车存车线。

每个岛式站台可布置2～3个发车台位和1～2个待发车台位。

（3）到、发车位间距及通道设计参数，如表2-2至表2-5及图2-15所示。

表 2-2 机动车停车场设计参数

停车方式	车辆分类	垂直通道停车带宽/m					平行通道停车带长/m					通道宽/m					单位停车面积/m²				
		1类	2类	3类	4类	5类	1类	2类	3类	4类	5类	1类	2类	3类	4类	5类	1类	2类	3类	4类	5类
平行式	前进停车	2.6	2.8	3.5	3.5	3.5	5.2	7.0	12.7	16.0	22.0	4.0	4.0	4.5	4.5	5	21.3	33.6	73.0	92.0	132.0
斜列式	30° 前进停车	3.2	4.2	6.4	8.0	11.0	5.2	5.6	7.0	7.0	7.0	4.0	4.0	5.0	6.8	7.0	20.0	28.6	62.3	76.1	89.2
	45° 前进停车	3.9	5.2	6.1	10.4	14.7	3.7	4.0	4.9	4.9	4.9	4.0	4.0	6.0	6.8	7.0	20.0	28.6	54.4	67.5	89.2
	60° 前进停车	4.3	5.9	9.3	12.1	17.3	3.0	3.2	4.0	4.0	4.0	5.0	5.0	8.0	9.5	10.0	18.9	26.9	53.2	67.4	89.2
	60° 后退停车	4.3	5.9	9.3	12.1	17.3	3.0	3.2	4.0	4.0	4.0	4.5	6.5	6.5	7.3	8.0	18.2	26.1	50.2	62.9	85.2
垂直式	前进停车	4.2	6.0	9.7	13.0	19.0	2.6	2.8	3.5	3.5	3.5	5.0	5.0	9.5	10.0	13.0	18.7	30.1	51.5	68.3	99.8
	后退停车	4.2	6.0	9.7	13.0	19.0	2.6	2.8	3.5	3.5	3.5	4.2	6.0	9.7	13.0	19.0	16.4	25.2	50.8	68.3	99.8

注：1类为微型车，2类为小型车，3类为中型车，4类为大型车，5类为通道式铰接车。

表 2-3 车辆纵横向净距

车辆类型	车辆纵向净距/m	车辆背靠背停车时车尾距/m	车辆横向净距/m	车与围墙或护栏间距/m	车与其他构筑物间距/m
微型、小型车	2.00	1.00	1.00	0.50	1.00
中型、大型车和通道式铰接车	4.00	1.00	1.00	0.50	1.00

表 2-4 停车场通道最小平曲线半径

车辆类型	最小平曲线半径/m
通道式铰接汽车	13.00
大型汽车	13.00
中型汽车	10.50
小型汽车	7.0
微型汽车	7.0

表 2-5　停车场通道最大坡度(%)

车辆类型	通道形式	
	直线	曲线
通道式铰接汽车	8	6
大型汽车	10	8
中型汽车	12	10
小型汽车	15	12
微型汽车	15	12

(4)乘客站台及雨棚。

宽度:乘客站台的宽度应满足乘客进入站台的天桥或地道步梯入口及两条上车栏杆夹道宽度的最低要求,如图 2-15 所示。

长度:乘客站台的长度应满足乘客上、下车及候车的需要,即到达下车区、发车(含备用待发

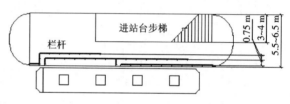

图 2-15　公共汽车站台宽度

车)区,应对应停车台位全长设置站台,站台上的雨棚应与站台同长。

2.出租汽车到、发线与停车场

出租汽车也是服务于广大旅客的公共交通工具,能为旅客提供方便的下车与上车条件。应根据铁路客站出租汽车在站平均等候时间,按高峰小时车流量,设一定规模的停车场,以保证出站旅客随时可以搭乘出租汽车。

出租汽车到达铁路客站后,应为其设置距进站口或售票厅较近的停车港湾线,以便乘客就近下车。出租汽车在站前不应长时间停留,而应及时转向旅客出站口附近的停车场或直接驶入待发线,载客后迅速离站。

出租汽车到达停车线和发车线应尽量采用岸线式,岸线的长度应根据广场总体布局确定。出租汽车不可能全部停在岸线上,因此,需要设置出租汽车停车场。

计算出租汽车停车场及到达、发车停车线台位数量时,需要确定的参数如下。

(1)平均等待时间,是指客流高峰时的平均等待时间,一般为 10~20 min。

(2)高峰小时车流量,是指高峰小时内进、出的车次之和,当出租汽车基本按停车台位计算时,将车流量除以 2,即为等候车辆数。

(3)到达台位数量,根据总体布局适当安排,发车台位与停车台位应满足全部等候车辆的数量。

(4)停车台位及到、发车位布置,参见表 2-2 至表 2-5 及图 2-13。

出租汽车的发车场和停车场,因车型小,可在地下设置,并与铁路客站地下出站口

紧密衔接,既方便旅客换乘,又减少地面广场的占地面积。地下停车场一般由上、下坡道与地面停车场相连。

3. 社会机动车停车台位

自备机动车,是指接送旅客的各种车型客车。铁路客站广场应为其设置短时间的停车场,旅客在停车场上、下车。

自备机动车停车台位数量,可根据高峰客流时的平均等候时间,一般按 30 min 考虑,即 0.5 h 乘以高峰小时社会机动车车流量除以 2,即:

$$停车台位＝0.5×高峰小时车流量÷2 \qquad (2\text{-}1)$$

自备机动车停车场,根据各站统计车型的资料,通过参考表 2-2 至表 2-5,确定需要设置的面积。

4. 自行车停车场

铁路客站广场的交通秩序还包括对自行车的管理。在大型及特大型铁路客站,应禁止自行车穿越广场,在进站路口附近适当位置设置旅客自行车停车场,是自行车管理的重要措施。

除旅客自行车外,铁路客站、配套商服业、站区管理部门职工自行车的通行问题,更需加强管理。可设置职工专用自行车通行口或结合旅客自行车停车场一并安排。

铁路客站自行车停车场规模(含职工自行车)的确定方法有两种。一种是根据各站平均停车时间的调查,确定停车台位一日周转次数。如按 5 次存取考虑,即按日自行车流量除以 5,再除以 2,为自行车停车场的停车台位。另一种方法是按客流高峰时,自行车台位周转时间。如每 40 min 存取一次,即 0.67 h 乘以高峰小时自行车车流量并除以2,确定自行车停车场停车台位数量。以上两种方法表达式如下:

(方法一) $$自行车台位＝日自行车流量÷10$$
(方法二) $$自行车台位＝0.67×高峰小时自行车流量÷2$$

除以上两种方法外,公安部 1988 年关于停车场规模的规定中,按旅客停车 4 辆/千旅客考虑。

采用上述方法并结合实地调查综合计算,用以确定自行车停车台位规模。自行车停车场的设计参数参见表 2-6。

表 2-6 自行车停车场主要设计参数

停车方式		停车带宽/m		车辆横向间距/m	过道宽度/m		单位停车面积/m²			
		单排	双排		单排	双排	单排一侧	单排两侧	双排一侧	双排双侧
斜列式	30°	1.00	1.60	0.50	1.20	2.00	2.20	2.00	2.00	1.89
	45°	1.40	2.26	0.50	1.20	2.00	1.84	1.70	1.65	1.51
	60°	1.70	2.77	0.50	1.50	2.60	1.85	1.73	1.67	1.55
垂直式		2.00	3.20	0.60	1.50	2.60	2.10	1.98	1.86	1.74

2.3.3　铁路客站与地铁车站的规划设计

地下铁道运输系统是现代城市公共交通体系的重要组成部分,也是现代铁路客站最佳的城市交通换乘方式。经济发达国家的大型铁路客站多采用与地铁衔接换乘的方式。在经济腾飞的今天,我国一些大城市继北京市之后也相继建设了地下铁道,并已出现一批以城市地下铁道为主、与铁路客站连接的现代化城市综合换乘交通枢纽。

截至 2009 年,我国已经拥有地铁或正在建设地铁的城市分别有北京、上海、天津、香港、广州、大连、深圳、武汉、南京、重庆和长春;提出或者正在筹备建设地铁的城市有成都、杭州、沈阳、西安、哈尔滨、青岛、苏州和郑州。据专家预测,到 2020 年,我国城市轨道交通线路将达到 2000~3000 km。

1. 地铁的换乘效果

地下铁道运输的特点与铁路旅客运输十分相近,主要是运输能力大、速度快、准时,其次是不受季节、气候影响,污染少等。

地下铁道运输的特点决定了地铁与铁路客站一样具有优越的换乘效果。

1)集散能力强

地下铁道运输能力大,能快速为铁路客站集散旅客,尤其对铁路客站集中出站客流的疏散具有明显效果。

以目前 20 辆编组的铁路旅客列车为例,一列列车到达的旅客就高达 1700 人左右,而地铁一列车可以容纳乘客 2400 人。可见,一列地下列车接运一列地面列车是富富有余的。从列车运行的间隔时间来看,地上列车即便密集到达,高峰小时到达列车最多不过 10 列左右,而地铁一般的设计能力为每小时可发车 30~40 列。当前最高聚集人数达 1 万人的大型客站,其单向日客运量一般达 6 万人次左右,而地下铁道单向小时客运量就可以达到 5 万~6 万人,这充分说明地下铁道对铁路客站具有强大的集散能力。

此外,对城市内外交通枢组各种运输设备规模的确定,要遵循等强度、相匹配的原则。同时要为旅客提供方便的服务,留有选择的余地。因此,在地铁的规划设计中,要根据客流预测确定地铁各个车站的合理规模。

2)运行准时、速度快

铁路旅客最担心的就是市内公共汽车堵塞、延误时间而造成漏乘火车。因此,要在正常乘车时间的基础上留出较多富余时间,一般要增加 1 h 左右的市内交通时间,这样既浪费了旅客的时间,又急剧加大了铁路客站的最高聚集人数,增加了车站的负荷。

地下铁道与地上铁路运输系统都是按预先设置好的运行图正点运行,不会像公共汽车那样出现堵车现象,故不致于造成乘客心理紧张,大大减少了出行的预留富余时间。

经过乘火车长途旅行,旅客出站后希望尽快到达最终目的地。而地铁的行驶速度远高于公共电/汽车,故速度快也是旅客乐于利用这种运输设备的主要原因之一。

3)换乘距离小

由于地铁车站与铁路客站运输设备性质相同,一般是一个在地下设置,一个在地上设置,设在地下的地铁车站对铁路客站基本上没有干扰。因此,两种轨道运输的车站恰好充分利用空间,建成立体的综合交通运输体。例如,国外地铁车站与铁路客站之间通过公共交通厅或自由通道换乘,且多通过自动扶梯换乘,使旅客旅行极为方便。而我国目前尚难以达到这样的水平,其原因既不是在国力资金的不足,也不在设备和技术,主要因为两种铁路都有烦琐的管理制度,制约了便捷、高效率地换乘。例如,乘地铁到铁路客站需要进站的旅客,一般无火车票旅客还不能在换乘通道内随时购票,而需要出地铁站到铁路客站集中售票厅去购买车票;另一部分旅客虽然已持有火车票,但不能直接进入铁路客站站台换乘旅客列车,而需要出地铁站到铁路客站指定的进站口履行检票手续,通过三品(易燃、易爆、危险品)的检查后,再经过进站通道、候车区、检票口,然后才能到达铁路客站站台上车。由此可见,由于管理制度的制约,优越、方便的换乘条件只好被舍弃了。同样,下火车的旅客也不能由站台直接进入地铁车站,而需经铁路客站集中的出站口验票后,再进入地铁车站;进入地铁车站也需要到集中的售票处购票,检票后才能进入地铁的有票区。地铁车站的管理制度,虽然没有地面铁路那么严格,但是划分有票区和无票区的做法,也不同程度地制约着两种铁路换乘优越性的发挥,并同时加重了运输设备的负荷,出现设备的重复设置。此外,旅客的文化素质、客运能力等实际情况,也是制约旅客方便换乘的重要因素。随着社会的发展及运输能力的提高,现代化交通运输设备一定会发挥其应有的效益。

2. 地铁车站位置与换乘关系

国内既有铁路客站的地铁车站或正在规划建设的地铁站,其位置和站型的选择直接关系着旅客换乘流线的合理性,目前主要有以下三种方式。

1) 地铁车站与铁路客站采取地下通道换乘方式

例如,现在的北京站(见图 2-16),地铁车站是单层端头厅岛式站台通过站,北京站是上进下出尽头站(远期将改造为通过站)。由于修建地铁车站时没连接地下通道,进出站旅客都需要经过地面广场换乘,既加大了换乘距离,又造成了出站旅客乘地铁而上下奔波,使地面广场进出站客流交叉干扰、拥挤、紊乱,这皆因没有做到地下分流所致。

如图 2-16 所示,这是既有地铁北京站的布置与换乘关系,是一种铁路客站与地铁站平行布置的关系,宜采用图 2-17 所示的地下通道换乘方式加以改造,从而减少地面广场的客流量。如采用进、出客流单向通行,效果更好。

2) 地铁车站与铁路客站之间通过公共大厅或自由通道换乘的方式

正在建设的北京西站地铁站(见图 2-18)是双层双岛四线分置站,北京西火车站是上进下出尽端式站(预留远期为通过站)。目前两站间换乘采用公共大厅的换乘方式。

近期的公共大厅,包含铁路出站地道、地铁付费区及自由通道三部分,前两部分都要设栅栏检验车票。当远期铁路与地铁票务制度管理改革后,该公共大厅将改变其性质,旅客、乘客、市民可以非常方便地自由换乘各种交通工具。由于目前客运管理制度的制约,这一便利条件尚未充分利用,还需要人为限制流线的路由,造成换乘客流的交叉、拥挤,大厅两端进出地铁站和铁路客站的客流交叉则更为严重,这只是暂时的问题。

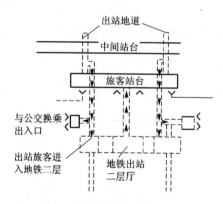

图 2-16 北京站现有换乘方式

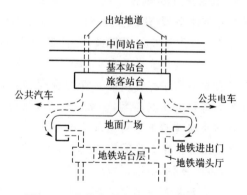

图 2-17 公共大厅或自由通道换乘方式

3) 地铁站厅层与铁路地下候车区组成综合交通换乘旅行服务多功能厅

这种换乘方式不但对地铁车站较为理想,对铁路旅客换乘也最为便捷。因为将近50%的铁路旅客是与地铁换乘的,而这种换乘方式的步行距离最短,尤其是竖向距离为最短,与高架候车区相比,可减少50%的旅客(指换乘地铁)共16 m(上8 m、下8 m)的垂直交通距离;对另外50%的旅客(主要是乘公共汽车者),换乘条件和站内步行距离与

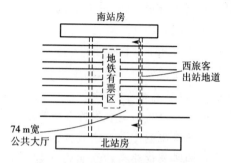

图 2-18 综合交通换乘多功能厅

高架候车区方式一样,只是不上高架而入地下。这种换乘方式,应是有地铁车站的火车站最理想的综合交通模式,如图2-18所示。

新天津站成为我国首个应用这种先进综合换乘方式的铁路客站。北京南站和即将建成的深圳福田站等也采用了这种先进的综合换乘方式。

3. 站型与车站布局

地铁车站的站型多种多样,与铁路客站衔接的地铁车站站型大致有以下几种。

(1)单层双端头厅单岛双线站型,适用于客流量较小的车站,如北京地铁2号线北京站。

(2)双层单岛双线站型。

(3)双层双岛四线站型。

2.3.4 铁路客站的内外衔接

铁路客站既是城市交通的节点,又是城市内、外交通的衔接点之一,大多作为城市综合客运枢纽。因此,铁路客站交通枢纽的设计,既要处理好城市内交通与城市对外交通的衔接,还要处理好市内各种交通方式之间的衔接。

1. 枢纽总体布局

铁路客站交通枢纽内部的功能分区主要包括铁路进站口、铁路出站口、人行广场、机动车(含公交车、出租汽车、社会车辆)送客区、机动车接客区和停车场等。交通枢纽内部总体布局的根本目标是各种交通方式之间的换乘要做到安全、便捷、高效,为此应采取公交优先、综合换乘、人车分离等措施。

铁路客站交通枢纽内部各种交通设施总体布局,应与铁路客站人流组织相配合,达到送客区靠近铁路客站进站口、接客区靠近铁路客站出站口的基本要求。应尽量采用立体式布局,充分整合各种交通设施,形成一体化换乘的格局。

1) 送客区布局方法

送客区的基本功能是供出租汽车和社会车辆的下客之用。为缩短乘客行走距离,送客区应靠近铁路客站进站口。例如,对于采用"地上二层进站"方式的铁路客站,送客区应设计为高架平台,直接连通铁路站房的进站口。

2) 接客区和停车场布局

接客区的主要功能是供铁路客站出站客流换乘离站,因此接客区的位置应取决于铁路客站出站客流的交通组织方式。接客区要靠近铁路客站出站口,并且在条件允许时,接客区尽可能与铁路客站出站口位于同一竖向空间,以缩短行人换乘距离。

停车场的位置要和接客区紧密结合。对于采用地下一层出站的铁路客站,各种车辆的接客区也应位于地下一层,并靠近铁路出站口,停车场蓄车区也应布置在地下一层。公交接客区如果没有条件布置在地下,可以布置在地面层,并与铁路出站口保持 40~80 m 距离,既缩短了行人换乘距离、体现公交优先的理念,又留有一定的空间供行人缓冲。

对于采用"地面层出站"方式的铁路客站,出租汽车、社会车辆接客区也应布置在地面层,并靠近铁路客站出站口,停车场和蓄车区也相应布置在地面层,以减少旅客步行换乘距离和车辆行驶距离,体现"以人为本"和"节能减排"的理念。

在铁路客站与长途汽车客运站共存的交通枢纽中,各种车辆的接客区应布置在铁路客站和长途车站之间,兼顾两个对外交通节点,缩短所有旅客的换乘距离,同时为两者提供良好的服务。

3) 枢纽内部的交通组织

(1) 旅客流线设计,应合理设计人行空间,区分旅客通行空间和停留空间,尺度适中、动静相宜;缩短铁路客站与所有换乘方式之间的步行距离,同时保证步行公交换乘距离最短,体现"公交优先、以人为本"的理念。

(2) 车辆流线的设计,枢纽内部应组织单向交通,减少交通流线交叉点,形成连续流线、无信号灯的模式,以提高车流运行效率。

(3) 人流与车流的关系,必须做到人车分离,提高交通安全水平,体现人性化理念。可采用人车在不同竖向空间立体分离的形式;也可以采用人行空间和车行空间在地面层的不同区域各自独立的形式,实现人流线与车流线在同一平面的分离。

图 2-19 为遵循以上设计原则的一个实际设计案例。

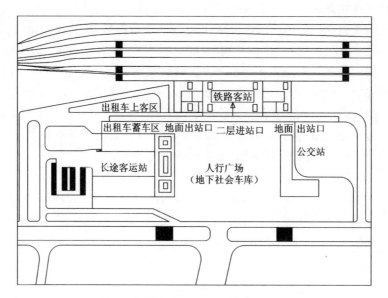

图 2-19 铁路客站交通枢纽总体布局

2. 枢纽的内外道路交通衔接设计

铁路客站交通枢纽对外接口的形式与外围骨干路网系统的布局形态紧密相关。

枢纽在与方格路网衔接(通过式道路)时,铁路客站应位于方格路网的中间,内外衔接的接口宜设在车站广场左、右侧的道路上,利用方格路网集散各方向的交通(见图 2-20)。

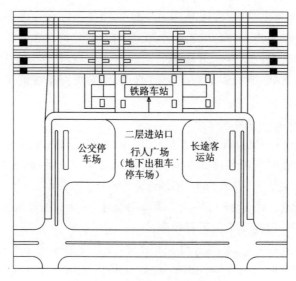

图 2-20 枢纽与方格路网的衔接

在与 T 形路网(尽端式道路)衔接时,如铁路客站出、入口与 T 形交叉路口的距离超过 300 m,则可以充分利用铁路客站与 T 形路网之间的距离,将枢纽出、入口与 T 形交叉节点结合设计,将原 T 形交叉口演变为十字形交叉口或形成立体交叉;如铁路客站出、入口与 T 形交叉路口的距离不足 300 m,无法将 T 形交叉口或立交延伸为十字形交叉口或立交与铁路客站衔接,须保留外围道路 T 形节点形式。此时,应将铁路客站枢纽的出、入口分设在 T 形节点两侧,并尽可能设计成 L 形立交匝道与 T 形路网衔接,与之配合的高架送客平台可设计成一字形,尽量不要形成 U 形,如图 2-19 所示。

2.3.5　铁路客站广场的发展趋势

随着铁路客站功能复合化和乘客高效换乘的程度提高,车站广场的规划设计,应该突破以往的设计概念和手法。应从只求加大广场面积及单一平面布局,向多功能、立体化、高效率、环境美的方向发展。近年来新建的铁路客站车站广场规划设计的成功经验带给我们以下启示。

1. 开辟主、副车站广场

在大城市,为方便旅客乘降火车,铁路客站普遍伸入市区,并接近市中心区。为了方便铁路两侧城市居民能同样方便地进出铁路客站,一些大型、特大型铁路客站已突破一站一广场的传统做法,出现一站两广场的新格局,如上海站、新天津站。

两侧广场的新格局,通常根据两侧城市人口分布的情况确定一侧为主广场,另一侧为副广场。主、副广场的规模要根据两侧城市现状和规划人口、交通状况、城市服务设施等具体情况合理划分比例。上海站南广场为主广场,北广场为副广场,主、副广场规模比例为 0.78∶0.22;天津站南广场为主广场,北广场为副广场,主、副广场规模比例为 0.75∶0.25。确定主、副广场规模比例的重要因素是两侧城市交通设施分布的比例。例如,天津站副广场的规模是按远期交通设施规模考虑的,但在初期未形成之前,副广场吸引的客流达不到预期规模,显得空旷、冷清,与主广场形成鲜明对照。当北侧城市交通设施按规划形成后,副广场的作用立即明显增加。

当采用主、副两侧广场时,应考虑两侧广场间的联络,其有效措施之一是设置跨越客运站场、站房的自由通道,以方便无票市民步行,或开辟辅助车道和自行车道通向两侧广场,并与两侧城市道路衔接。

在国外铁路客站,有的车站有超过两个广场,甚至多方向设置车站广场,以便于迅速集散旅客、方便旅客的旅行。例如,华沙中央站有四个方向的车站广场。

2. 广场布局立体化

当广场的平面受到限制时,向空间方向发展车站广场,采取立体化向空间发展的形式是现代铁路客站向城市综合换乘中心转变的必然需要,也是城市用地极为珍贵所决定的必然趋势。

铁路客站并非旅客的出发点或目的地,几乎 100% 的旅客要在这里换乘,才能完成旅行的全过程。国外的铁路客站广场面积都很小(一般1～2 hm²),有些车站甚至完全没有地面广场,而每天输送旅客达十万乃至上百万人次。为什么广场面积比我们小许多倍,而输送旅客数量又比我们高出数倍? 当然这与旅客性质有关(国外铁路市郊旅客占主体),但主要原因是立体化车站及广场带来的旅客换乘、疏散效率。

以往我国的车站广场是以平面布局为主,整个铁路客站占地很大,有几个特大型铁路客站(包括客运站场、客站站房、车站广场)占地高达50 hm²左右,这与城市建设用地发展形成突出的矛盾,因此,车站广场布局向立体化发展是必然的趋势。

3. 设置无障碍进出通道

为残疾人、老年旅客设置无障碍进出通道。这不仅体现对残疾人的关怀,也是时代文明的标志。

4. 完美的功能与艺术效果

广场不仅具有解决人流、车流等功能,而且是城市的门户和活动中心。应着力于建筑群体的环境设计,善用环境、创造意境,并通过广场的绿化、建筑小品、雕塑、地面花饰、各种标志等的合理布局,构成美好的艺术效果。如新南京站,南邻风光秀美的玄武湖,通过立体化的交通组织模式化解站区地面交通压力,避免了国内火车站站前广场常见的车辆混杂、人车交流的局面。通过多维度的空间处理突出站区与自然环境的和谐,将车站广场转换成城市休闲绿化景观广场,从而使"还空间予城市、还广场予绿色,还绿色予旅客"的设计理念得以实现,使站前绿化景观广场与玄武湖公园连成一片,从而让站区成为玄武湖风景区的自然扩展和延伸。湖面、绿色公园、景观步行广场、空透轻灵的站房、绿树葱茏的小红山,形成一道风景秀丽、富有特质的站区空间景观。建成使用后,人们普遍反映效果良好(见图2-21)。

(a)　　　　　　　　　　　　　　　　(b)

图 2-21　南京站广场

(a) 广场立体化交通组织;(b) 新南京站远眺

5. 交通组织向立体化发展

近年来,我国立体化铁路客站广场交通组织取得了可喜的成果。立体化广场与城市道路衔接不断实现，如新天津站（见图 2-22）、北京南站（见图 2-23）等。

图 2-22　天津站下沉式出站广场与地面公交车场

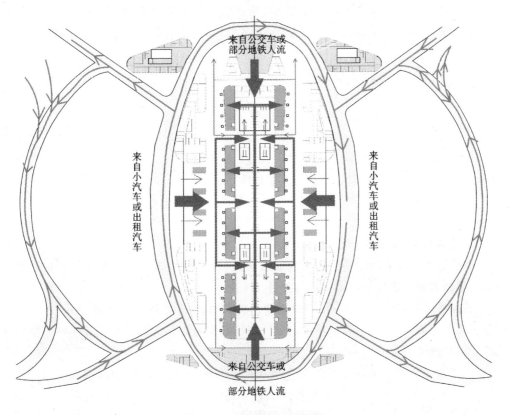

图 2-23　北京南站交通流线

3 铁路客站平面设计

铁路客站站房布局是铁路客站建筑设计中的重要问题。站房的建筑布局是通过区别各种不同功能关系和空间关系,进而完成总体布置,同时对各类房间进行组合,以满足旅客使用和铁路系统运营管理的要求。

建筑的平面设计是建筑师的主要设计任务。由于铁路客站建筑的独特功能特点,它的平面设计应满足以下要求。

(1)分区明确、合理。

(2)空间安排清晰、紧凑,充分利用空间,满足日益复合化的空间功能要求。

(3)流线顺畅、简捷,尽量避免站内不同功能流线之间出现交叉或混杂。

(4)由于铁路客站建筑空间的构成日益复杂与开放,部分功能分区限定的重合或模糊,因此,要求建筑师要超越平面性思维,复合地、立体地组织与利用建筑空间。

3.1 建筑布局的要求

铁路客站站房建筑设计应秉承"功能性、系统性、先进性、文化性、经济性"的"五性"原则。站房的建筑布局要在满足旅客活动要求的基础上,努力做到使旅客在站房中的流线畅通而不交叉、干扰,简捷而不曲折、迂回,给旅客营造一个方便、舒适的乘降、换乘或候车环境,给工作人员创造良好的工作条件。

3.1.1 建筑布局的基本要求

1.流线顺畅、简捷

站房建筑布局必须尽最大努力满足旅客流线的要求,这是站房建筑设计首要的课题,是铁路客站站房规划设计成败的关键。

铁路客站站房内各类房间的布局,要最大限度地做到各种流线畅通而不交叉、干扰,简捷而不曲折、迂回。且站房内的各种流线必须与相邻的客运站场和车站广场的同类流线相衔接。

由于站房功能的复合化和旅客旅行习惯的改变,现代站房内的旅客流线已趋于复杂化。从流向来讲,一方面是进站客流,另一方面是出站客流,这依然是站房内基本的客流方向。但是,由于当代铁路客站的功能定位已向城市综合交通枢纽转变,并增加了综合服务功能,对进站和出站两大客流都带来重大变化。例如,部分进站客流,在候车流程之前以利用服务设施代替候车;部分出站旅客在验票后不是立即离开站房,而是返回站房利用服务设施;部分中转客流,不是离站前往市区住宿,而是在站房内住宿,其间到市内办事、旅游等,然后继续旅行;许多旅客都是采取预约订票的方式,到站后直接穿过候车区,检票上车等。诸如上述各种变化后的旅客流线,在站房的各类房间布局设计中应予体现并要最大限度地满足旅客的需求。

2. 充分考虑自然条件

站房的建筑布局,必须结合当地的地理、气候等自然条件,在寒冷地区宜采用比较封闭的建筑布局,在炎热地区宜采用开敞式的建筑布局。

3. 竖向布局合理

(1)剖面布局分类。以铁路客站站房与站场竖向相对位置分类,站房的布局分为线侧平式站房、线侧上式站房、线侧下式站房、线上式站房、线下式站房、复合式站房六种类型,如图 3-1 所示。

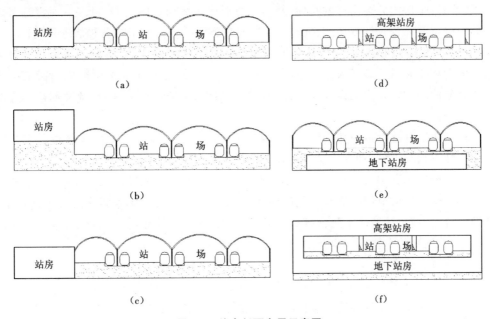

图 3-1 站房剖面布局示意图

(a)线侧平式站房;(b)线侧上式站房;(c)线侧下式站房;
(d)线上式站房;(e)线下式站房;(f)复合式站房

(2)竖向布局要求。竖向布局应充分利用场地的地形条件,处理好客运站场和车站广场与铁路客站站房的竖向布局,合理地确定站房与站场的相对位置,明确竖向布局图式以及相应的内部房间的布局关系。

4. 节约能源

在进行各类房间布局时,应尽量创造天然采光和通风的条件,避免过于依赖人工照明和通风设备,最大限度地节省能源。

5. 创造良好的内部空间环境

在各类功能用房的布局中,应安排好影响内部环境的垃圾收集、处理、外运的通道和设施,以确保良好的内部环境。

6. 充分考虑客流形态的影响

客流形态由两个因素构成,其一是旅客成分构成,其二是客流量的波动。

(1)旅客成分的不同构成,是由旅客进站乘坐不同类型的列车造成的。城际、长途、市郊、中转等各类旅客的使用要求互不相同,有时会形成各自不同的进、出流线,所以站房中旅客的组成越复杂,则各种旅客流线的组织和建筑布局也就越复杂。如果站房中同时有不同类型、较多车次的旅客,则更加剧了这种复杂性。

不同旅客在站内有不同的活动,在站内停留时间的长短也不相同。旅客是在上车前需要等候一段较长的时间,还是进站后就很快上车,也在很大程度上影响站房的建筑布局。如旅客上车前在站停留时间较短,则建筑设计便须满足旅客迅速、方便地乘车的要求,这时,站房内旅客用房的布局,基本上将形成人流通过的空间。反之,则建筑布局就要为停留时间较长的旅客们,安排一定数量的候车空间及相应的各种服务设施。

(2)旅客流量的波动,是在设计中必须予以充分考虑的因素。平时与节假日旅客流量的波动和差异以及旅客流量的不断增长等因素,对站房使用需求所造成的影响必须予以充分的预测。站房的设计要具备一定的灵活性,给使用中的调节、调度创造相应的条件。

由于我国铁路运输的特殊性,尤其是节假日出行造成铁路客站旅客流量呈现严重的季节性不均衡,新时期铁路客站必须充分考虑并探索在不同时间段内,站房空间和广场空间的最大化利用及其效率。对于一些客流不均衡的大型客站,更应考虑站房和广场应满足季节性或节假日高峰客流的使用需求,在春节、黄金周等客流高峰时期,客站聚散人流大,候车区容量不足,这时广场可设置临时候车设施,把广场空间作为临时的候车空间,站房的布局也应为此提供预备的条件。

7. 预留发展空间

考虑到随着客运量和行李、包裹运量的增长,铁路客站站房应为远期发展预留一定的空间。在考虑预留远期发展条件时,仍须满足上述各项布局的要求。

要特别避免在远期改造、扩建后,不能造成旅客流线的破坏。例如,近期的售票厅或行李、包裹房,有可能在远期作为候车区,而在预留扩建场地上另建售票厅或行李、包裹房等,这就需要在总体布局和平面设计中预留相应的空间和条件。

3.1.2 站房的功能分区

1. 功能分区的要求

站房内的建筑布局首先要做到动与静的分区,并明确各个功能分区。由于现代铁路客站站房功能的复合化,旅客在站房内的行为也多种多样,有的需要安静的休息、等候空间,有的需要购票或签注,有的需要转车换乘,有的需要购物或娱乐等。因此,为满足旅客的不同行为需要,应做到动、静区分开,各类不同功能用房应区分明确又联系便捷。

2. 现代铁路客站功能分区

站房的功能空间可以分为交通功能空间和辅助功能空间。交通功能空间是指与铁路运输、客运交通有关的功能空间，是客运站的核心空间，其他功能空间都是围绕交通功能空间展开，其相互之间有机联系形成整体。

（1）交通功能空间，可分为出站空间、入站空间和内部使用空间三个部分。有关交通功能空间的分析，本书将在下一小节详细介绍。

（2）辅助功能空间，是指与旅客乘坐交通工具没有必然关联的功能空间，是客站功能布局复合化与城市化的必要组成部分和功能协调部分。辅助功能空间的设置使铁路客站成为体现现代社会生活的一个城市节点。辅助功能空间主要包括管理区和服务区。管理区是为公共区提供服务的区域，应充分利用空间，设在相对次要的位置。传统客站的管理区相对独立，以小隔间、单开间为主；新型客站的管理区则采用相对集中的开敞空间，灵活划分和使用。服务区则包括了商业空间、服务空间、信息空间、金融空间、餐饮空间、娱乐空间等，可以与进出站集散厅、候车空间和售票空间等整合在一个大空间里，方便旅客使用。

3.1.3　站房的功能布局

站房是客站建筑的主体，站房中设有供旅客使用的公共区（如候车区、售票厅等）和客站运营管理工作所需要的非公共区（如售票室和办公室等）。站房内可供旅客使用的房间分为已检票区（如绿色通道和进站通廊）和非付费区（如进站分配厅，售票厅，行李、包裹托取厅，旅客服务设施，出站集散厅等）。非公共区的各类房间和设备也应根据客站的规模、性质等具体情况配置。

1. 站房功能布局的发展历程

国外铁路客站功能布局模式经历了四个阶段：单一的站台空间阶段、完备的等候式空间阶段、简捷的通过式空间阶段和高效的综合空间阶段。我国铁路客站站房功能布局模式则经历了以下几个阶段。

1）平面分散等候式空间模式

在 1986 年以前，我国铁路运输效率低下，发车率和正点率都较低。城市交通也很落后，旅客不得不在站内等候很长时间。因此，这一时期的功能布局模式主要是以候车区为核心的分散式布局模式，以及少量的以营业区为主的分散式布局模式。

以候车区为核心的分散式布局是我国传统的站房布局模式，其特征是客站的站房、站场、站前广场以及外围服务设施，均在同一平面上依次展开。这种方式以候车大厅为核心，将候车区和进站通路组织为一个大空间，构成站房的主体；将售票厅、行李与包裹房、出站口、邮政、餐饮、购物等空间按与候车区的相关程度分散布置。对外交通主要依靠站前广场来组织，广场成为各部分之间的纽带和集散枢纽。这种布局模式适合旅客在站内停留时间较长的客站。图 3-2 为候车区式布局模式示意图，图 3-3 为北京站候车区平面示意图。

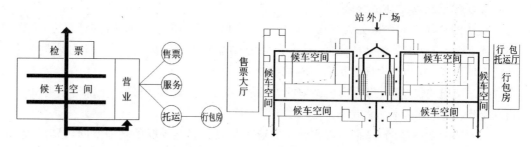

图 3-2 候车区式布局模式示意图   图 3-3 北京站候车区平面示意图

2）集中等候式空间和高架候车模式

改革开放以后,我国开始对一些大中型铁路客站进行改造和重建。以候车区式空间组合模式为主的铁路客站建筑功能布局模式在这一时期发生了很大变化。首先,在缩短旅客流线的设计思想指导下,大中型铁路客站站房内部的布局出现了由复杂、大规模向简化、紧凑演变的趋势。"我国的特大型综合站功能布局应由多个分向候车区逐步发展成少数集中候车区或集中综合厅,以简化旅客进站流程"的观点得到了认可。其次,计算机信息技术的运用和铁路市场营销观念的形成,对客站售票厅的建筑空间组合模式产生了重大影响。传统的集中设置在客站的售票厅出现了分散和弱化的现象,售票厅在车站流线上的位置也逐渐相对独立。再次,行李、包裹托运已经成为独立于客运以外的单独运输业务,行李、包裹流线转变为完全独立的系统,与旅客流线基本无关;铁路客站对旅客及其行李进行安全检查,已经成为旅客流线中一个必不可少的环节。这一阶段主要的功能布局模式为以进站集散厅为核心的集中等候式布局模式。

以集散大厅为中心的集中式布局主要是指大型和特大型客站为了组织不同车次与方向的旅客,避免人流过分集中和相互干扰,多采用以集散厅为中心,围绕集散厅布置几个候车区和营业服务设施。其中,集散厅又分为横向分配集散厅与纵向分配集散厅,如图 3-4 所示。这种布局方式的优点是空间划分明确,可以按铁道线路去向分线划分候车区,便于组织管理和客运服务。这种布局模式下的建筑结构简单,通风、采光易于处理,但这种类型的客站交通空间所占比例较大,空间使用效率低下,旅客进站流线冗长、迂回,流线交叉干扰大,客流疏散不畅,候车环境普遍比较差,而且空间流线难以处理,横向候车区往往变成"袋形候车区",尤其是二层的"袋口"处,易为旅客聚集堵塞,难以适应铁路客运高速度、高效率和高质量的要求。典型的例子是北京西客站、老上海站、老成都站等。

也是在这个时期,大型铁路客站出现了高架候车的布局形式。在国内客站中首次运用这种形式的是新上海站,它采用了"南北开口、高架候车"的布局,这是我国铁路大型客站建设史上的一次突破和创新,是在客站整体建筑空间组合模式层面上向前迈出的一大步。

高架候车空间组织模式的特点如下:旅客从所在候车区的检票口直接进入相应的站台,缩短了流线,加快了旅客进站速度,有效地减少了进站拥堵现象;传统的线侧式站

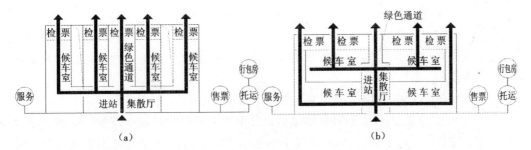

图3-4 集散厅布局模式示意图

（a）横向分配集散厅；（b）纵向分配集散厅

房往往只能选址在城市的边缘，以免割裂和影响城市的发展空间，而高架候车区可以由轨道两侧双向进、出车站，也就将铁路客站建筑引入了市区；站房主体建筑进深减小，交通空间也有效减小，节约了城市用地。

3）快速通过式空间模式

随着整体国民经济的发展，我国铁路运输效率不断提升，发车率和正点率都大大提高。旅客在客站内的滞留时间大为缩短，流动加快。客站站房功能设计开始朝着简约、紧凑、高效的方向发展。许多客站的候车空间抛弃传统的繁复功能空间区划，向具有复合功能的多功能大厅发展。铁路客站已经具有了现代交通建筑通过式空间的明显特征。这一阶段的功能布局模式开始转化为"以平面综合厅为核心的集中式"和"以高效综合立体化空间为核心的通过式"。

以平面综合厅为核心的集中式布局方式，是将客站中旅客使用频率最高的候车部分简化，并与售票处、行李与包裹房、问讯处等部分以及交通部分合并组织在一个统一的空间内，形成一个综合性、多功能的活动大厅（见图3-5）。

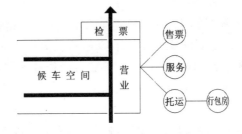

图3-5 综合厅式布局示意图

这种布局的优点是：旅客在大厅内只作短暂停留，大厅内的空间组织简捷，旅客进入大厅后一目了然，容易找到各个不同的功能部分；可灵活划分空间，候车、服务、检票等活动空间可调节使用；大厅开阔完整，采光通风良好，结构简单。

这种布局的缺点是：仍然是采用平面展开布局，只适合旅客在站内停留时间较短的客站；如果客站规模较大、旅客停留时间较长且旅客组成复杂，则这种布局就会造成各种流线的相互干扰，无法适应多模式换乘的要求，也无法适应多功能要求的轨道站上方空间的开发。

这种模式多见于国外中小型客站，在我国较典型的实例是辽宁锦州南站，对我国新建中小型客站有一定借鉴意义。

4）综合立体化空间模式

在经历了上述三个发展阶段后，近年来，随着城市综合交通体系的发展以及综合换乘观念的引入,铁路客站从以往封闭、单一的运营模式,转变为多种交通方式无缝连接,并追求"零换乘"的新型综合交通枢纽。我国当代铁路客站站房的功能布局,形成了以综合立体化空间布局为核心的"通过式"布局模式,而且这已成为大型铁路客站功能布局的主流模式。

(1) 综合立体化空间布局模式的特征。

① 空间划分简约,许多以往客站站房设计中独立封闭的功能空间被取消或以新的形式融入综合大厅,使站内空间形成了多功能的整体空间,车站内部空间界面的层次被最大限度地简化。

② 站内流线简洁,并从平面形式进化到立体形式。

③ 一个或多个通过式综合厅为中枢,多种交通工具立体交叉地组织在一起。

④ 外围设置商场、餐饮、旅馆等商业空间。

⑤ 各类服务设施有多个通道与综合大厅相连,构成了综合性、多功能客站所特有的多种空间相互穿插的复合布局。

⑥ 多采用高架式或线下式等竖向组织形式,力求使旅客进站的流线简短而便捷。

(2) 综合立体化空间布局模式的优点。

① 站台具有临时候车功能,候车大厅多与售票厅合并,形成综合性、通过式大厅,交通流线组织以疏散为主,便捷高效。

② 以综合厅为核心,立体化组织旅客的各种活动,合理安排多层的客运线路和不同的功能内容,使候车、商业服务、进站、出站等各种活动结合得更为紧密、简便,为枢纽站的基本空间与商业及其他服务设施的紧密结合提供可能性。

③ 自动售票机和自动检票机的广泛应用,使分离的出入站方式,转变为多个分散的、出入兼容的出入站方式;各个服务区域与站台之间的关系更为通畅,方便了来自各个方向的乘客。

④ 各种交通工具立体衔接,旅客多向分流集散,出入快捷,建筑空间集约开放,节省城市用地,车站广场摆脱了人车混杂的局面。

在国内,较为典型的例子有北京南站、上海南站、香港九龙站等;国外有德国柏林火车站、日本大阪天王寺车站、日本九州转运站、西班牙阿班多转运站等。

从以上几个阶段客站站房功能布局模式发展演变来看,我国客站的功能布局模式正朝着紧凑简化、功能融合的方向发展。

2. 站房建筑空间组合模式的发展趋势

1) 站房空间功能的转变

随着我国国民经济的持续发展,铁路运输与客站建设也得到了快速发展,使我国铁路客站站房功能布局出现了新的发展契机。站房空间已经由以往"等候式"的静态空间向"通过式"的动态空间转变。这一转变是由下列条件决定的。

(1) 铁路客站的客流集散形态了发生巨大变化。随着大规模铁路客运专线的建设以及既有线路提速改造工程的实施,旅客列车运行速度和列车的发车频率大幅提高。

铁路旅客运输能力和运输质量大幅度提升,铁路客运体系正逐步向高速化、公交化发展。这些变化主要表现为旅客在客站内的停留时间大大缩短。

(2) 城市交通体系的快速发展、城市交通容量的不断扩大,使旅客能更迅速地集散和换乘,为缩短旅客在站内的停留时间创造了条件。

(3) 经济社会的发展、人民生活水平的提高和社会活动节奏的加快,极大地影响了人们的时间观念,出行需求、出行方式和出行习惯也在逐渐发生变化。

(4) 现代科技、信息手段的运用,使网上订票、电话订票、自动售票机系统、自动检票机系统、客站电子显示查询系统以及客站向导指示系统等设施不断普及,并为广大旅客所接受,这样不但使传统的售票空间减少,也使旅客通过客站的速度加快。

2) 铁路客站建筑空间组合模式的新趋势

(1) 立体化空间组织。我国传统铁路客站多采用广场、站房、站场的三段式平面布局模式,而当代铁路客站立体化空间组织是将广场、站房、站场立体叠合,实现"广场、站房、站场"的一体化空间组织,使换乘更为方便快捷。如北京南站采用综合式立体布局,高架式站房使站房、站场立体化;环绕站房的高架环形车道把广场的换乘功能以立体叠合的形式引入站房;"站桥一体"的结构模式使车场和客站的地下空间呈立体布局,在站台下的地下空间实现铁路与地铁的换乘。又如全地下的福田站,地下一层为客流转换层,地下二层为站厅层,地下三层为站台层。福田站的"总体布局"将传统意义的广场、站房、站场功能组织在立体叠合的三个层面上,以竖向流线串联。

(2) 复合化空间使用。复合化空间使用是当代铁路客站总体布局的发展趋势。传统铁路客站的广场、站房、站场有明确的功能分工,各组成部分功能单一。复合化空间使用包含两方面内容:其一,铁路客站各组成部分功能空间的复合化,如广场由单一交通功能转变为城市节点与城市开敞空间等多种空间的复合,站房内商业与服务业空间的引入也体现了空间利用的复合化;其二,铁路客站三大组成部分功能空间的相互穿插,随着铁路客站"通过性"要求的增强,站台也承载着一定的候车空间的功能,而换乘空间则向站房、站台下层的地下空间延伸。

(3) 人性化空间规划。铁路客站的总体布局必须坚持"以人为本",把空间的可读性、导向性作为客站总体布局的要点,使缺少出行经验或第一次进入本站的旅客能够快速读懂客站空间。

(4) 中小型铁路客站的简约化。在大型铁路客站趋向综合化的同时,很多中小型客站,尤其是小型客站则朝着简约化方向发展。一方面,中小型客站停靠的主要是"经停"列车,停站时间短,上下客流少,可采用站台候车模式;另一方面,中小型客站短途和城际客流相对较多,其旅客流线较为简单,通过速度快。这就要求客站总体布局紧凑、清晰,候车室不宜过大,并且在站台提供候车空间。售票网点的发展以及自动售票机、网络售票和电话售票等的普及,可以大大减少旅客因购票而产生的等候时间,这在缓解站房内人流压力的同时,也逐渐对站房的内部空间形态产生影响。而行李、包裹托运业务和客运业务的分离也将进一步促进中小型客站功能的简单化和清晰化。

3.2　铁路客站内的各种流线

当代铁路客站站内流线可分为旅客流线,行李、包裹流线,商业流线,职工流线和供应与垃圾流线五类(见图3-6)。本节将详细分析各类流线的性能、特点,并据以形成建筑布局的依据。

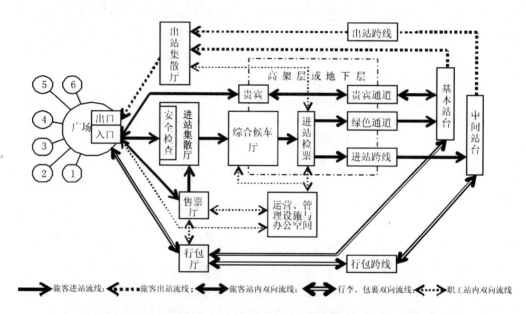

图 3-6　当代铁路客站站内主要流线
1—步行人流;2—社会车辆;3—出租汽车;4—公共汽车;5—长途汽车;6—城市轨道交通

3.2.1　旅客流线

现代铁路客站站房内的旅客流线种类日趋复杂。根据旅客性质、旅客需求和运营管理的需要,旅客流线可分为以下几种。

1.进站旅客流线

(1)通过站房直接上车的旅客流线。这种旅客流线主要包括下列性质的旅客。

① 通勤、通学旅客。

② 部分本地持预购票出行的旅客。

这类旅客形成的流线主要程序是:

$$\boxed{安检} \rightarrow \boxed{检票} \rightarrow \boxed{登车}$$

(2)在站房内等候上车的旅客流线。这种旅客流线主要包括下列性质的旅客。

① 母婴、老弱、残障旅客。

② 部分本地持预购票出行的旅客。

③ 部分中转换乘旅客。

④ 携带物品较多的旅客。

这类旅客形成的流线主要程序是：

安检 → 候车 → 检票 → 登车

或　　　购票 → 安检 → 候车 → 检票 → 登车

（3）在站房内先利用综合旅行服务设施而后上车的旅客流线。这种旅客流线主要包括下列性质的旅客。

① 住在站房旅馆的中转旅客。

② 部分返程旅客。

③ 携带物品较少，到站时间较早的部分旅客。

这类旅客形成的流线主要程序是：

站房旅馆 → 安检 ──────────→ 检票 → 登车

或　　　安检 → 购物、餐饮、娱乐 → 检票 → 登车

或　　　购票 → 安检 → 购物、餐饮、娱乐 → 检票 → 登车

除上述三种主要进站旅客流线外，还有流量较小的办理行李托运的旅客流线，以及三种流线间的小股混合型流线。

2. 出站旅客流线

（1）通过站房直接出站的旅客流线。这种旅客流线主要包括下列性质的旅客。

① 目的地是当地的旅客。

②.部分中转旅客。

这类旅客形成的流线主要程序是：

到站 → 验票 → 出站

（2）在站房内先利用服务设施，然后出站的旅客流线。这种旅客流线主要是部分中转旅客形成的，其流线的主要程序是：

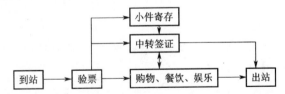

（3）在站房内住宿或休息时间较长的旅客流线。这种旅客流线主要也是由中转旅客形成的，其流线的主要程序是：

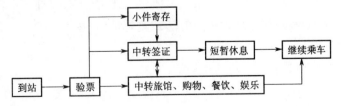

这种旅客流线与上面一种的区别就是:旅客在换乘行为期间未出站。

除上述三种主要出站旅客流线外,还有流量较小的办理行李、包裹提取的旅客流线,以及三种流线间的小股混合型客流。

3.2.2　行李、包裹流线

目前,行李、包裹托运业务已经成为独立于铁路客运以外的单独运输业务,行李、包裹流线转变为完全独立的系统,与旅客流线基本无关。但是,行李、包裹流线依然是铁路客站内的重要流线,在站房的建筑布局中必须予以充分的考虑。

行李、包裹流线主要有发送、到达和中转三种流线。每种流线中都包括旅客的行李和货主的包裹两类物品(旅客的包裹量极少),其中包裹流量因站而异,占总行李、包裹流量的70%～90%,是行李、包裹总流量的主体,这是现代铁路客站的特征之一。由于行李的比重大大降低,行李、包裹流线与旅客流线之间的内在关系大大疏远,但在铁路客站站房的布局中,行李、包裹房与售票室、候车区之间仍需保留一定的联系通道,其距离主要取决于客运站场的行李、包裹地道的位置。因此,行李、包裹流线主要是依据客运站场的布局,适当考虑站房内部的联系进行组织。

1. 发送行李、包裹流线

需要托运的行李由旅客携带到行李、包裹托运厅,经安全检查按发往方向、站名分别堆放于发送库或室外堆场,在列车出发前搬运至站台端部行李车停靠的位置,等待装车发运。

需要托运的包裹,由货主或接运员运送至行李、包裹托运厅,经安全检查按发往方向、站名分别堆放于发送库或室外堆场,在列车出发前搬运至站台端部行李车停靠的位置,等待装车发运。

铁路客站内的行李、包裹发送的流程是:

接运 → 安检 → 过磅 → 入库 → 搬运 → 装车 → 发运

2. 到达行李、包裹流线

当行李、包裹在站台端部卸车后,搬运至行李、包裹到达库或室外堆放场地,等候提取。到达行李、包裹在站内的流程是:

卸车 → 搬运 → 入库 → 交付 → 出站

3. 中转行李、包裹流线

当中转行李、包裹流量较大时,在站台端部要把到达行李、包裹与中转行李、包裹分开搬运,中转行李、包裹运至中转库(发送库)或室外堆场,按继续发往的方向、站名分别堆放,等待搬运至站台端部装车发运。

中转行李、包裹流线在站房内的流程是:

卸车 → 搬运 → 入中转库 → 搬运 → 装车 → 发运

3.2.3 其他流线

1. 供应与垃圾流线

大量人群聚集必然会产生对各类生活和旅行用品的需求,同时也必然会产生大量生活垃圾。因此,有必要为清理和外运垃圾安排适当的通道,以免在进行垃圾清理和外运作业时打扰站内旅客,破坏清洁、优美的站内环境,这一点在大型以上规模的铁路客站中尤为重要。一般在中型以上规模的客站中,都应为垃圾清运安排单独的出口。

2. 商业流线

为旅客提供的客运延伸服务设施中,商业是吸引旅客较多的场所,其流线包括旅客(购物等)流线、商品流线和营业员流线三种。商服业的三种流线在组织布局中应避免交叉,在店内应各自独立。

三种流线中,最重要的是旅客流动线,是商店设施的决定性流线。

3. 职工流线

不同规模、不同站等的铁路客站,其职工的数量和工种不尽相同。但都须在一些重要界面或节点上为职工安排单独的出入口,以与旅客活动场所和流线相区隔,如售票室,行李、包裹托取室等。另外,车站职工进、出站流线也应尽量与旅客流线相区隔。一般在中型以上规模的客站中,都应为车站职工设置单独的出入口。

3.2.4 站内流线的组织

以上主要分析归纳了铁路客站站房内的各种主要旅客流线。下面将重点说明组织流线的原则、方式和要点。

1. 站内流线的组织原则

1) 避免相互交叉与干扰

(1) 在铁路客站站房主要房间的布局中,应将各种主要流线分开布置。

(2) 旅客进站流线与旅客出站流线不允许交叉。

(3) 几种主要流线要各行其道。如有并行,应在并行段的前、后端,按照不同旅客流线的流向设置疏散通道,避免交叉与堵塞。

2) 尽量缩短流线距离

对各种流量的流线,都应避免迂回,尽量缩短其流线距离。

3) 确定流量最大的旅客流线

在规划设计时,要认真分析具体情况,确认该车站流量最大的旅客流线,并保证该流线在各种旅客流线中路线最简捷,流程距离最短。

4) 有换乘功能的客站应着重考虑在客站内部实现"零换乘"

2. 站内流线组织的方式

1) 划分进、出站流线

铁路客站内部的流线组织首先要区分进、出站的旅客流线,尽最大努力避免交叉、干扰和迂回。

2) 立体化组织

客站内部流线的组织方式应在平面与剖面两个方向组织,形成三维的、立体化的内部流线,既可节省建筑面积,又可最大限度地减小流线长度。

平面上的流线组织方式主要适用于规模不大,没有综合换乘需求的客站。通常是指进、出站都在同层平面,采用并列式左右分流或垂直式前后分流的中小型客站。并列式左右分流主要是指入口设在中部,出口在左部或右部,进、出站流线并列平行的方式。垂直式前后分流是指尽端式站场的铁路客站或有多方向进出站的站房,进出站流线分设在不同方向。

剖面上的流线组织方式可以分为上进下出、下进上出、下进下出和上进上出等类型。本书将在下节进行介绍。

3. 站内流线组织的要点

(1) 客站建筑的出入口:出入口是建筑内外的过渡空间,客站出入口包括车流、物流、人流的出入口。出入口的平面位置主要依据地形、站房形式和站房与城市交通的衔接关系等因素布置。可布置于建筑的正面、侧面、后面等处。出入口流线组织要点如下。

① "人流"和"车流"分开。客站出入口前地面上要布置一定数量供临时短暂停留者使用的室外停车位,以提高使用的便捷程度;设计规划好停车场的地下入口,既要方便快捷,又要避免与人流的交叉干扰。

② 多层、多出入口分流。将不同目的与性质的人流、车流、货流的出入口分层,分不同位置合理安排。

(2) 客站内部换乘节点:枢纽型铁路客站内有多种不同的交通工具,其内部换乘空间的流线组织是设计中要重点考虑的问题。要把提高效率和方便换乘作为设计的最主要目的,从而达到"零换乘"。"零换乘"就是将各种交通方式组织起来,形成相互衔接、互成网络的完整体系。"零换乘"能提高交通效率,使各功能联系更加密切,交通流线更加连续、便捷。"零换乘"也能显著改善传统铁路客站人与车交叉、环境复杂、面积紧张的局面,为旅客带来舒适、整洁的出行感受;"零换乘"还能多层次地重复利用土地资源,提高土地利用效率,节约土地投资,体现了可持续发展的思想。同时,信息传媒系统、管理系统、服务系统、停车系统的共用,提高了这些设施的社会效益,节约了大量人力、物力。在内部换乘节点的流线设计中,应详细分析客流分布特征、流动规律、换乘特点,将各种交通模式分层分流,其组织要点如下。

① 进站人流与出站人流分离,集中人流带与集中车流带分离。

② 充分发挥不同种类交通工具的运输特性,把铁路、公共交通、地铁、私人汽车、出租汽车、行人分别布置在同一空间的不同层面上,各种交通方式之间实现联运,协调管理。

③ 考虑残疾人、老人、小孩等出行弱者的出行方便,减少其换乘过程中的障碍。

④ 通过各种方式的协作,保证旅客在铁路客站的快速集中和疏散。

3.2.5 站房内外旅客流线的衔接关系

铁路客站中的各种主要进、出站旅客流线的起点和终点并非完全在站房内。进站旅客流线的起点在车站广场,终点在客运站场;出站旅客流线的起点在客运站场,终点在车站广场。因此,研究站房内的旅客流线不能局限在站房内,必须考虑到与客运站场和车站广场旅客流线的衔接。

1. 与车站广场旅客流线的衔接

站房内的旅客流线与车站广场产生进站客流和吸收出站客流的流线组织必须对应和适当衔接,这是整个铁路客站旅客流线组织的基本要求。

(1) 车站广场是进站客流产生的主要场所,是城市各种交通工具的到达场。步行进站的客流流量相对较小,且分散、自由度很大,在组织进站客流时,也应予以考虑。

产生进站客流最大的是公共交通的到达场,包括公共汽车、地铁和无轨电车等。地铁通常在地下与站房接近,并设置联络通道。由于地铁输送的客流量比其他城市交通工具大,而且集中,为了便于铁路站房入口与公交到达场的旅客流线有效衔接,两者宜保持适当的距离,这既有利于缩短旅客的步行距离,又防止客流在进口处的拥挤和堵塞。除公共交通到达场产生的最大进站客流外,社会车辆和出租汽车到达场也形成较大的进站客流,而且其比例有持续增长的趋势。但是,这部分客流不像公共交通形成的客流那样集中,因此,在进站衔接上,距离可以适当缩短。其流程是:

$$\boxed{城市交通到达场} \rightarrow \boxed{站房进口} \rightarrow \boxed{进站客流}$$

(2) 车站广场是吸收出站客流的场所。车站广场首先是城市公共交通的发车场,其次是社会车辆和出租汽车的到发场。出站客流通过验票口后流量已经疏缓,吸收出站客流的公交发车场应尽量靠近出站口,既能最大限度地缩短旅客步行距离,又可达到快速疏散旅客的目的。其流程是:

$$\boxed{出站客流} \rightarrow \boxed{站房出口} \rightarrow \boxed{城市交通发车场} \rightarrow \boxed{离站}$$

2. 与客运站场旅客流线的衔接

在铁路客站站房内,旅客流线与客运站场吸收进站客流和产生出站客流的流线组织必须对应和紧密衔接。

客运站场吸收进站客流和产生出站客流的场所是铁路客站站台,站台与站房之间有跨线设备连通。跨线设备要与站房进站检票口和出站验票口对应设置,以确保旅客流线的通畅、简捷。其流程是:

$$\boxed{进站客流} \rightarrow \boxed{站房检票口} \rightarrow \boxed{铁路客站站台} \rightarrow \boxed{上车}$$

$$\boxed{下车} \rightarrow \boxed{铁路客站站台} \rightarrow \boxed{站房验票口} \rightarrow \boxed{出站客流}$$

3.3 交通空间、主要房间与旅客流线的关系

交通功能空间是指与铁路运输、客运交通有关的功能空间,是铁路客站的核心空间,其他功能空间都是围绕交通功能空间展开并有机联系形成整体。

交通功能空间可分为出站空间、入站空间和内部使用空间三个部分。

现代铁路客站站房在交通空间的布局和主要用房位置的选择上,除遵守旅客流线组织原则外,还要考虑到铁路客站站房功能发展趋势对站房空间的要求。

3.3.1 交通空间形态

现代铁路客站站房的交通空间具有通过与分配客流的双重功能。随着广大旅客时间观念的增强,铁路系统本身和城市交通体系的不断完善,以及现代化通信工具的发展与普及,原有通过与分配客流功能的比例也在发生变化,其中通过客流的功能比重越来越大。

目前,在大型、特大型铁路客站中,交通空间的通过功能,已经成为交通空间的基本功能。站房内的交通空间由进站集散厅、进站通廊、出站地道和出站集散厅四部分组成,其设计要点如下。

1. 出站空间

出站集散厅是到达旅客换乘其他交通工具的分配空间,是客站内部人流最集中、方向最复杂的空间。出站厅应与进站厅在流线上分开设置,如在同层,则应保持相当的缓冲地带。出站厅在设计中应加强通过性和导向性,尽量靠近站前广场上主要交通车辆的离站停车场,检票口外应有足够面积的缓冲区域。

2. 进站大厅(集散厅)的空间处理

进站大厅是铁路客站站房室内建筑空间设计的重点,中型及中型以上的铁路客站可设进站、出站集散厅。客货共线铁路客站应按最高聚集人数确定其使用面积,客运专线铁路客站应按高峰小时发送量确定其使用面积,且均不宜小于 $0.2 \ \text{m}^2/\text{人}$。

在空间处理上,当前有如下几种类型可供参考。

(1)"厂"字形空间。这种大厅空间构成的条件是:车站广场地坪与地面一层高程相差不大;二层或高架候车区内设有少量旅客服务设施;站房是多层建筑。在此条件下,将进站大厅的主体空间布置成两层,纵深方向的二层伸入铁路站场上方,构成高架候车区的大部分,形成"厂"字形空间。进站大厅正面设置自动扶梯、步梯,引导进站旅客流线直接进入二层高架候车区。既发挥了空间的引导作用,又体现了交通建筑的动感。国内最早采用这种进站空间构成的是新上海站、新天津站。

(2)竖向贯通进站空间。这种进站大厅空间构成的条件是:高架候车区位于铁路站场上方,进站集散厅承接由不同交通工具到达的进站客流,进站集散厅在竖直方向上贯通地面层和高架层,如北京南站。

（3）纵向贯通进站空间。主要的交通空间为进站集散厅和纵向通廊。设在站房两侧的进站集散厅以贯通的通廊连接，通廊两侧连接数个候车室。这种交通空间可使进站旅客流线简捷，站房内空间通透性、可读性都较强，而且自然采光和通风的条件好，如新广州站（见图3-7）。

（4）中央大厅进站空间。中央大厅位于站房的中央，两端分别与两侧的高架平台相连。大厅设巨大的中庭，将站台空间、交通空间和候车空间融为一体，空间引导性和可识别性强，如新武汉站（见图3-8）。

（5）综合楼进站空间。综合楼站房包括服务楼进站大厅，高架候车室，售票处，行李、包裹房，出站厅和运营办公楼等。

服务楼作为站房的主体面向广场，内设商场、旅馆、餐厅、影视厅、娱乐厅、邮电厅和金融服务厅等综合服务设施，其两翼有出站厅，售票处，行李、包裹房等，由连廊连成一个群体。

进站大厅在服务楼一层，大厅中央设有自动扶梯，通向高架候车室中央通廊，通廊两侧设数个候车室，如沈阳北站。

（6）平面布置的进站空间。平面布置的进站空间多为中小型铁路客站所采用。

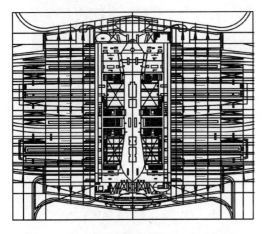

图3-7　纵向贯通进站空间组合（新广州站）

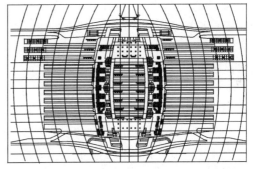

图3-8　中央大厅与进站空间组合（新武汉站）

3. 内部使用空间

内部使用空间中最主要的就是候车空间和售票空间。

1）候车空间

候车空间是铁路客站站房最重要的功能空间之一。在剖面上有线侧式、线下式和将站房候车厅设于客运站场上层的高架式布置形式，参见图3-1。候车空间的布置方式在平面上可分为横向集中式布置、横向分线式布置、纵向分线式布置等，如图3-9所示。

我国传统铁路客站候车室面积大，候车时间长，旅客密集。1988年以来，在大型以上客站中出现的高架候车空间具有站房进深短、占地面积小的特点，同时，还为旅客乘车提供了最短、最便捷的行程流线。

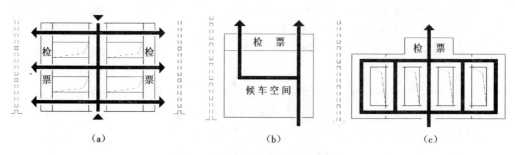

图 3-9 候车区平面布置方式示意图

(a) 横向分线式布置;(b) 横向集中式布置;(c) 纵向分线式布置

当前,我国大型以上铁路客站,已由单纯的铁路客站站房向多功能综合交通枢纽转变。我国传统客站设计方式习惯于严格空间划分,致使空间缺乏弹性、利用率低,已经无法适应现代铁路客站的新定位和功能的新发展,也无法适应当代旅客的出行需求。

当代铁路客站内部空间一般不再采用实体分隔墙的方式,站内候车厅布局由不同方向独立候车厅的设置模式,逐步向集中候车厅或综合候车厅转变。候车空间由分散向集中转变,可以有效提高候车空间的使用效率,简化旅客通过流线。这样形成的站房内部空间开敞、明亮、通透,对普通候车区、无障碍候车区、贵宾区、母婴区以及商业服务区等功能空间采用绿化、座椅、服务台等软质介面加以区划,使得各部分区域都在一个整体空间之下灵活使用,并为适应未来客流性质发生变化打下基础。而且,采用集中综合候车空间比分散的候车空间建筑面积小,这也是"通过式"铁路客站较之"等候式"客站的主要特征,如图 3-10 所示。

图 3-10 新天津站高架候车区

2) 售票厅

在我国传统铁路客站中,售票厅是仅次于候车大厅的大空间。售票厅中售票窗口众多,等待队列很长。传统大型客站售票厅一般都设置在进站口与出站口之间的连线上,而且行李、包裹托取厅也常设置在此连线上,造成购票人流与进站人流、出站人流和行包托取人流的交叉,秩序混乱。

当前,随着计算机信息技术的运用和电子售票的普及,传统的集中式售票厅呈分散和弱化的趋势,集中售票大厅已不再是新型铁路客站建筑的必需空间,取而代之的是分散的售票空间和售票方式。一部分售票空间与进站集散厅合并,一部分可在客站内分几处设置售票处。在新建的客运专线和城际铁路客站,还采用了沿旅客进站流线分布自动售票机和人工售票处的售票方案,图 3-11(a)为北京南站高架候车厅中的售票处,

图 3-11(b)为北京南站的自动售票机。

（a） （b）

图 3-11 北京南站售票设施

（a）高架候车厅中的售票处；（b）自动售票机

4. 交通空间内主要设施设置要点

（1）安全检查设施。中型及中型以上站房的入口处，应设置安全检查设施。安全检查设施应设置在进站集散厅的入口处，并应留有充分的缓冲空间。

（2）进、出站通道和楼梯。

① 站房的进出站通道、换乘通道、楼梯、天桥和检票口应满足旅客进出站高峰通过能力的需要，其净宽度不应小于 0.65 m/100 人；地道净宽度不应小于 1.00 m/100 人。

② 根据《铁路旅客车站建筑设计规范》（GB 50226—2007）的规定，特大型、大型站的站房内应设置自动扶梯和电梯，中型站的站房宜设置自动扶梯和电梯。

步行梯和自动扶梯应尽量采用直线接续的衔接形式，不宜采用 90°和 180°衔接形式，以防止在回转时造成流线堵塞。

（3）无障碍通道。根据我国现行标准《铁路旅客车站无障碍设计规范》（TB 10083—2005)和《城市道路和建筑物无障碍设计规范》（JGJ 50—2001）的有关规定，应设置无障碍进、出站通道；应设置专用电梯，解决残障人士的竖向交通问题；应设置坡度不大于 1/12 的防滑坡道，便于乘坐轮椅的旅客通行；应设置盲人触认用的地面砌块等特殊设备。有关无障碍设计的内容将在 3.4.7 详加介绍。

（4）专用通道。要为贵宾、住宿中转旅客设置专用而方便的进站通道或衔接进站通廊的通道。例如，高架候车厅两侧的通廊，除为候车区旅客在变更进站站台时使用外，也可供上述特殊旅客不经普通候车区而直接进站。

（5）缓冲区。铁路客站站房的交通空间要保证流线的顺畅、简捷。在安全检查设施、检票口、售票处、自动售票机及其他服务设施前均应设置一定的缓冲空间，以避免流线阻塞。

（6）引导设施。交通空间要紧密衔接各类旅客服务用房，在流线的各个转向、分流处必须根据《铁路客运服务符号》的规定设置揭示牌和引导系统的显示牌。

3.3.2 交通空间与旅客流线的关系

随着铁路客站站房"通过空间"成分的增强,站房内交通空间的作用越来越突出,成为铁路客站站房内各种为旅客服务用房的联系纽带,是贯通于旅客流线全过程的空间。

交通空间与旅客流线的关系有以下几种类型。

1. 单向上进下出型

在铁路客站站房规模较大,进、出客流都较大的情况下,为了防止进站流线与出站流线的交叉干扰,采取上层进站、地下出站的交通空间组织的方式,在我国铁路客站站房的设计中取得了较好的效果。例如,1959 年建成的北京站为线侧平式站房,采用高架进站通廊和出站地道的交通空间组合方式,如图 3-12 所示,效果较好。

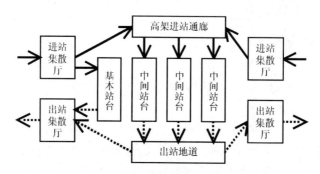

图 3-12 进、出站交通空间竖向布置

改革开放以来,新建的沈阳北站进出站交通空间的布置仍属上进、下出的类型。进站交通空间的布置结合高架候车区,将中央进站通廊和两侧进站通廊集中于高架内。

2. 双向上进下出型

当铁路客站规模较大,且两侧都有旅客上、下车,最少的一侧上、下车旅客,占总上、下人数 20％以上时,铁路客站站房的交通空间,可采用双向上进、下出的方式,即主、副站房双向均可进、出站。例如,新建的上海站、天津站,结合高架候车区的方式,将中央和两侧进站通廊及旅客出站地道双向站房连通,形成站房交通空间的双向上进、下出类型,如图 3-7 所示。

在出站旅客流线的组织上,各站结合流量大小和地形条件在布置上有所不同。天津站只设一侧双向旅客出站地道。上海站虽然设置了两侧的旅客出站地道,但其中一侧为双向出口,另一侧为单向出口,即全站共三个出站口。北京西站的设计方案是两侧出站地道均为双向,故有四个出站口。

3. 双向下进下出型

当铁路客站引进地下铁道车站时,由于旅客换乘地铁的比重较大,为便于组织最佳旅客流线,可采用地下的进出站站房交通空间方式。进出站交通空间虽都布置在地下,但在平面或竖向上是错开的,如正在建设的福州南站,如图 3-13 所示。

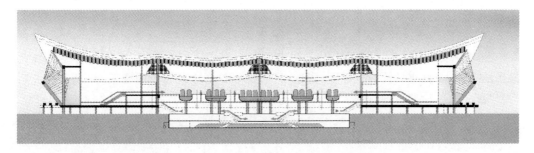

图 3-13 双向下进下出型站房交通空间示意图（福州南站）

4. 单向下进下出型

当铁路客站站房为线侧下式时，利用站房低于站台的高差，采用地道进站和出站的交通空间方式，组织最佳旅客进、出站流线。

5. 单向上进上出型

当铁路客站站房为线侧上式时，可利用站房高于站台的高差，采用天桥进站和出站的交通空间方式组织最佳旅客进、出站流线，阳泉站就属于这种类型。

3.3.3 站房主要用房与旅客流线的关系

我国铁路客站站房正经历着从"等候空间"向"通过空间"的转变，因此，站房中为旅客服务的一些主要房间的位置，对组织旅客流线仍起着相当重要的作用。

1. 候车区位置

候车区是为进站旅客流线服务的。它的位置选择，决定了进站旅客流线的合理性（见图 3-6），目前有以下两种基本形式。

（1）位于高架或地下进站中央通廊两侧的候车区，如图 3-14 所示。

这类候车区的位置是目前较为理想的布局，这种布置使进站通廊之间的候车区既不影响通过站房的旅客直接进站，又便于需要候车的旅客，利用中央进站通廊进入候车区，由候车区两侧或尽端检票进站。流线简捷、通顺，符合进站旅客流线的组织原则。

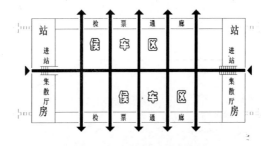

图 3-14 高架候车区示意图

关于高架或地下候车区的选择，如果从满足旅客流线需要的观点出发，取决于站房交通空间的布置，这是较为合理的位置；如果从工程和运营费用的观点出发，则应另行比较。

布置在中央进站通廊两侧的候车区不应是候车区的全部，还要在线侧的站房内为在基本站台乘降的旅客（包括少量的普通旅客，部分软席、国际、贵宾旅客等）设置候车区,且应与进站分配厅邻近并有直接的联系通道。

(2)线侧式站房候车区的位置。由于建设高架进站通廊及高架候车区的造价较高,在一些中型或大型站中常采用线侧式站房。在线侧式站房中,候车区的位置要布置在站房的主要入口(进站厅或分配厅)附近,且与检票口有比较紧密的联系,并尽量临近站台,以减少旅客检票后的行程。

候车区的布置方式视站房规模大小、旅客流线繁简程度具体确定,大致有以下两种方式。

① 单层站房候车区的布置。候车区的布置最主要要求就是旅客流线简捷、顺畅。售票厅、检票口的位置应面向进站旅客流线并明显易识。候车区、售票厅、检票口三者之间应有密切而畅通的关系,如图 3-15 所示。

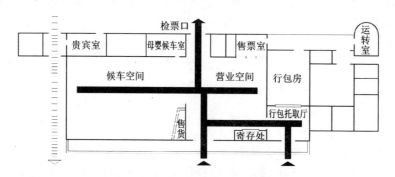

图 3-15　单层线侧式站房综合候车区

② 两层站房候车区的布置。当旅客可从天桥进站或地道出站时,候车区可分两层设置。在基本站台乘降的旅客候车区应布置在一层,其规模至少应满足一列车旅客定额的需要;中间站台乘降的旅客候车区应布置在二层,如图 3-16 所示。

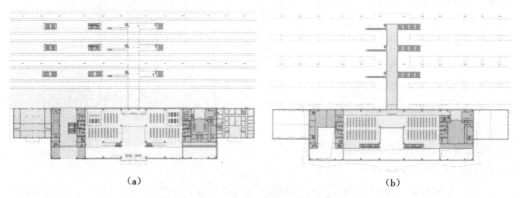

(a)	(b)

图 3-16　两层线侧式站房候车区(三亚站)

(a) 三亚站一层平面;(b) 三亚站二层平面

2. 售票厅位置

部分进站旅客办理旅行手续的第一个程序是购票。为了避免进站旅客流线的迁回,售票厅的位置应设在旅客进站流线的前部或综合候车区的前部。

售票厅入口的旅客流线可视为进站旅客流线的一个分枝,应尽量避免与出站旅客流线产生交叉。

自动售票机的采用可大大减少旅客购票时间,也可减小票厅的规模。自动售票机应设置在旅客进站流线的前端,但不能对进站旅客流线造成阻塞,并应在进站通道和自动售票机之间设置缓冲区。

售票厅在站房中与其他主要房间的位置关系如图 3-17 所示。对于特大型站来说,除普通客票要集中设置售票厅外,还可以在国际旅客、软席、贵宾等候车区分设售票处。

由于目前网上订票、电话订票和市内车票代售处的不断普及和增加,多数旅客购买了预售票。所以在许多新设计的铁路客站中,售票厅多单独设置在靠近车站主要入口处一侧或在站房的外边,可使购票人流与进站候车人流互不干扰。

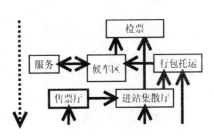

图 3-17 售票厅与其他房间及旅客流线的关系

3. 行李、包裹房的位置

目前旅客托运行李的人数较少,从方便旅客的角度出发,行李、包裹房的位置不宜离进、出站集散厅入、出口过远。此外,还必须考虑到托取包裹的顾客和车站搬运、管理的方便。

当行李、包裹运量在每日 7000 件以下时,为便于管理,行李、包裹房宜集中设在站房的一端,即托、取行李、包裹厅合并设置;当行李、包裹运量在每日 7000 件以上时,宜将行李、包裹房分设于站房两端。一端是托运厅、发送库和中转库;另一端是提取厅和到达库。分开设置可避免忙乱时,误将到达的行李、包裹又装车发运出去。同时,两端建筑面积接近平衡有利于站房的建筑总体布局。

将行李、包裹房设在站房端部,是基于以下多方面考虑。

(1) 便于布置对应的行李、包裹地道,缩短站内搬运距离。

(2) 便于为假期学生行李运量突增和季节性鲜活物品开辟露天堆场。

(3) 便于在车站广场中开辟行李、包裹运输汽车的停车场,使货运车在广场外端到发和完成装卸作业,减少对旅客流线的干扰。

发送与到达行李、包裹房分开设置时,应与旅客列车编组的行李车位置对应,如图 3-18 所示。但一个铁路客站接发各方向旅客列车,目前很难做到完全统一的行李车固定位置。在车列中,有的行李车编挂在机次位,有的则编挂在列尾。对一个铁路客站而言,长期以来绝大多数列车编组的行李车位置相对固定,应该按上述原则设置发送或到达行李、包裹房。这样有利于站内行李、包裹的搬运作业,减少搬运车辆的运行距离,尽量避免在站台干扰旅客乘降。

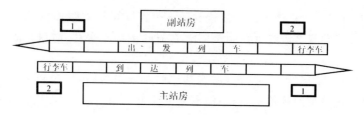

图 3-18 行李、包裹房位置示意图

1—到达行李、包裹房；2—发送行李、包裹房

4. 综合旅行服务设施的位置

综合旅行服务设施不是所有旅客都需要的，也不是进、出站旅客流线的必要程序。但为了方便部分旅客和在车站广场换乘旅客的购物、餐饮、文化娱乐和短期住宿等需求，可与铁路客站站房综合设置。

（1）我国新建铁路客站的综合旅行服务设施的位置，大致有以下几种布置类型。

① 竖向分布式布局。如沈阳北站，一、二层为客运用房，三、四层为餐饮和商场，五、六层以上为旅馆等。

② 平面分割式布局。如新天津站、新汉口站，将综合旅行服务设施与客运站房分开设置，其间以通廊联系。布置较近，以便于部分旅客利用。

③ 混合式布局。如北京西站设计方案，既有竖向重叠的布局方式，又有平面分割的布局，是前两种布局方式的混合。

（2）无论采取哪种布局方式，确定综合旅行服务设施的位置都应符合以下要求。

① 保证进站旅客流线和出站旅客流线不被打乱，同时，又要方便进站、出站旅客利用这些服务设施。

② 为便于城市交通换乘旅客和部分市民的利用，综合旅行用房应面向广场并单独设置出入口。

③ 在服务用房与客运用房之间，要处理好付费区和公共区的界限，以利于铁路客运系统对服务设施的管理。

客运综合服务设施的位置如图 3-19 所示。

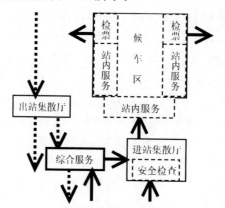

图 3-19 综合服务设施与旅客流线的关系

3.4 主要房间设计要点

现代铁路客站站房的主要房间,必须适应当前功能复合化、布局立体化的需要,并为将来的发展、改造预留条件。

3.4.1 候车厅

候车厅(室)是"等候式"铁路客站客运用房的主体,占居较大的空间。同时,在铁路客站转变为"通过式"交通枢纽后,候车厅(室)也是可改变为其他功能空间的最有利空间。候车厅(室)设计要点如下。

1. 候车厅的平面布置

候车厅(室)是旅客在站内的主要停留地点。候车厅(室)的平面布置形式有集中候车和分线候车两种(见图3-9),我国大型铁路客站大多采用分线候车。从流线形态的角度考虑,纵向分线布置形式的流线较短、交叉少,效果较好,如新上海的高架候车室出口处,直接通到站台。

2. 候车厅的竖向布置

大型、特大型铁路客站站房,宜采用多层候车厅(室)或高架候车厅的布置形式,以缩短旅客进站流线。要根据基本站台和中间站台乘降旅客的比例分配楼层和面积,基本站台乘降旅客用的候车厅(室)要设在与基本站台同一标高的站房内,而中间站台乘降旅客用的候车厅(室)要设在高架、楼层或地下站房内;不能把基本站台乘降的旅客候车厅(室)布置在高架或地下,以避免造成旅客在站房内的流线迂回与混乱。

3. 候车空间的面积与划分

(1)候车厅(室)的面积。客货共线铁路客站候车区总使用面积应根据最高聚集人数,按不小于 1.2 m²/人确定。小型站候车区的使用面积宜增加15%;客运专线铁路客站候车区总使用面积应根据高峰小时发送量,按不小于 1.2 m²/人确定。

(2)候车厅(室)的空间划分。为了体现"以人为本"的设计理念,也为了更好地组织旅客进站客流线,客货共线铁路客站的候车厅(室)可适当划分出不同类型旅客的候车空间,如软席、贵宾、军人(团体)、无障碍等。各类专用候车厅(室)的面积比例可参照《铁路旅客车站建筑设计规范》(GB 50226—2007)的规定,按表3-1确定。

表 3-1 各类候车厅(室)面积比例(%)

建筑规模	候车厅(室)				
	普通	软席	贵宾	军人(团体)	无障碍
特大型	87.5	2.5	2.5	3.5	4.0
大型	88.0	2.5	2.0	3.5	4.0

续表

建筑规模	候车厅(室)				
	普通	软席	贵宾	军人(团体)	无障碍
中型	92.5	2.5	2.0	—	3.0
小型	100.0	—	—	—	—

注:(1) 有始发列车的车站,其软席和其他候车厅(室)的比例可根据具体情况确定。

(2) 无障碍候车厅(室)包含母婴候车区位,母婴候车区内宜设置母婴服务设施。

(3) 小型车站应在候车厅(室)内设置无障碍轮椅候车位。

(3) 无障碍候车区设计应符合下列规定。

① 无障碍候车区使用面积,按表 3-1 确定且不小于 2 m²/人。

② 无障碍候车区的位置宜邻近站台,且宜单独设置检票口。

③ 在有多层候车区的站房,无障碍候车区宜设在首层或站台层,靠近检票口附近。

(4) 软席候车区的使用面积,按表 3-1 确定且不小于 2 m²/人。

(5) 军人(团体)候车区应与普通候车区合设,按表 3-1 确定且不小于 1.2 m²/人。

(6) 贵宾室的设置。贵宾室的设置要严格控制且设有独立进站的通道,卫生间和服务室要配套设置。客运量大的车站,宜同时设计大、小贵宾室,以便灵活使用。贵宾候车室设计应符合下列规定。

① 中型及中型以上站可设贵宾候车室。

② 特大型站可设两个贵宾候车室,每个使用面积不宜小于 150 m²;大型站可设一个贵宾候车室,使用面积不宜小于 120 m²;中型站可设一个贵宾候车室,使用面积不宜小于 60 m²。

③ 贵宾候车室应设置单独出入口和直通车站广场的车行道。

④ 贵宾候车室内应设厕所、盥洗间、服务员室和备品间。

4. 健康、宜人的候车环境

应为旅客创造一个安静、舒适、卫生的候车环境。采光窗的窗地比不小于 1:6,上下窗可设开启扇,下层窗底部应设防护设施;利用自然采光和通风的候车区(室),其室内净高可根据高跨比确定,且不宜小于 3.6 m;大型候车厅应做吸声处理,应附设吸烟室。

应设置方便旅客的服务设施,如饮水处、公用电话间、自动取款机、移动电话充电机等。

5. 预留远期改造条件

现在是"等候式"车站的候车厅(室),在将来可能改为商场或加层改为餐厅、旅馆等(如广州站房的中期改造)。不仅建筑空间要考虑,荷载与结构也要考虑。

6. 高架候车厅

当前在大型、特大型站房设计中,高架候车厅获得了广泛应用。高架候车厅是指位于车站站台与线路上方且与站房相连,主要是为候车旅客使用的建筑物。最早采用高架候车厅的是上海站和新天津站。上海站为带天井的高架候车厅,其后沈阳站、深圳站也采用了类似形式;而新天津站高架候车厅则采取全部覆盖轨道上空的设计。

总结已投入使用的上海站、新天津站、沈阳北站、深圳站等高架候车厅设计及使用经验,可明确高架候车厅的设计要点如下。

(1)采用高架候车厅时,应设计好高架候车厅内的旅客流线。在高架候车厅中候车并检票进站的旅客既有出发旅客,又有中转旅客;既有乘坐普速列车的旅客,又有乘坐高速列车的旅客。可以通过布置候车坐席和检票口等建筑要素的方法,充分发挥建筑空间的引导作用,组织好检票进站的旅客流线。

(2)高架候车厅的建筑平面布局应适当留有天井,有利于候车厅以及高架下面站台的采光,同时也有利于内燃机车、列车茶炉等产生的二氧化硫等有害气体的排出。

(3)高架候车厅与商业空间的组合设计。新天津站于1988年建成后,高架候车厅位于轨道上面,而为旅客服务的商场、餐厅等都在沿城市主干道方向的主楼内。旅客到达候车厅后,不便于再回到主楼就餐、购物,同时也降低了这些综合服务设施的利用率。2008年天津站中期改造后,已将候车区与服务及商业设施组合在一个大空间之中,即将服务及商业设施置于高架候车厅的旅客候车区外侧,较好地解决了这个问题,同时也丰富了高架候车厅的室内空间,美化了室内环境。

(4)高架候车厅的建筑设计要处理好防火设计和特殊设施的设计,如残障人电梯、垃圾通道、厕所、盥洗间、值班人员用房等,还必须安排好紧急疏散通道。

3.4.2 售票用房

售票用房是铁路客站站房的主要客运用房之一。在大、中城市,铁路客站的售票厅不应是唯一的售票处,应大力发展分布在市区内的售票网点,还应大力发展网络购票、电话订票。

铁路站房内的售票用房包括售票业务的一系列用房,其设计要点如下。

1. 售票用房的主要组成

售票用房的主要组成包括售票厅、售票室、票据室、办公室、进款室、微机室和订、送票室等房间,以及自动售票机及其安放空间。有始发车的车站应设置订、送票室,自动售票机可设置在进站流线上。不同站等的铁路客站,其售票用房的设置要求不同,具体要求见表1-5。

2. 售票处的设计要点

(1)特大型、大型站的售票处应设置在站房进站口附近,并应在进站通道上设置售票点或自动售票机;中型、小型站的售票处宜设置在站房内候车区附近;当车站为多层站房时,售票处宜分层设置。

(2)站房售票窗口的数量应符合下列规定。

① 客货共线铁路客站售票窗口的设置数量应根据最高聚集人数经计算确定,并符合下列要求:特大型站售票窗口的设置数量不宜少于55个;大型站售票窗口的设置数

量可为 25～50 个;中型站售票窗口的设置数量可为 5～20 个;小型站售票窗口的设置数量可为 2～4 个。

② 客运专线铁路客站售票窗口的设置数量应根据高峰小时发送量经计算确定,并符合下列要求:特大型站售票窗口的设置数量不宜少于 100 个;大型站售票窗口的设置数量可为 50～100 个;中型站售票窗口的设置数量可为 15～50 个;小型站售票窗口的设置数量可为 2～4 个。

（3）每个售票窗口的设置面积:特大型站不宜小于 24 m²/窗口,大型站不宜小于 20 m²/窗口,中型站和小型站均不宜小于 16 m²/窗口。

（4）售票室设计应符合下列规定:每个售票窗口的使用面积不应小于 6 m²;售票室的最小使用面积不应小于 14 m²;售票室与售票厅之间不应设门;售票室内工作区地面宜高出售票厅地面 0.3 m。严寒和寒冷地区宜采用保暖材质地面;售票室内采光和通风应良好,并应设置防盗设施。

（5）售票窗口的设计应符合下列规定:与相邻售票窗口之间的中心距离宜为 1.8 m,靠墙售票窗口中心距墙边不宜小于 1.2 m;售票窗台面至售票厅地面的高度宜为 1.1 m;特大型、大型站应设置无障碍售票窗口,其设计应符合国家现行标准《铁路旅客车站无障碍设计规范》(TB 10083—2005)的有关规定。

（6）自动售票机的最小使用面积可按 4 m²/个确定。

（7）票据室设计应符合下列规定:票据室使用面积,中型和小型站不宜小于 15 m²,特大型和大型站不应小于 30 m²;票据室应有防潮、防鼠、防盗和报警措施。

3.4.3 行李、包裹房

行李、包裹托运已经成为独立于铁路客运业务以外的单独的铁路运输业务,这就使行李、包裹流线更加突出,行李、包裹用房的布局和建筑设计更加重要。

1. 行李、包裹用房的布置原则

（1）客货共线铁路客站可设置行李托取处。特大型、大型站的行李托运和提取应分开设置,行李托运处的位置应靠近售票处,行李提取处应设置在站房出站口附近。中型和小型站的行李托运、提取可合并设置。

（2）特大型、大型站房的行李和包裹库房,应与跨越股道的行李、包裹地道相连。

2. 行李、包裹用房的主要组成

行李、包裹用房的主要组成包括包裹库、包裹托取厅、办公室、票据室、总检室、装卸工休息室、牵引车库、微机室和拖车存放处等。不同站等的铁路客站,其行李、包裹用房的设置要求不同,具体要求参见表 1-5。

3. 行李、包裹用房的设计要点

（1）包裹库、行李库的设计应符合下列规定:各铁路客站的包裹库和行李库的位置应统一设置;多层的特大型、大型站的站房和线下式站房的包裹库应设置垂直升降设施,升降机应能容纳一辆包裹拖车;特大型站的包裹库各层之间应有供包裹车通行的坡道,其净宽度不应小于 3 m。当坡道无栏杆时,其净宽度不应小于 4 m,坡度不应大于 1∶12,特大型站的行李提取厅宜设置行李传送带。

(2) 设有行李、包裹跨线地道的客站,其行李、包裹库宜设在地下室。同时在基本站台层设置适量的行李、包裹中转库,为在基本站台停靠的列车服务。

(3) 客站位于铁路局或铁路分局所在地时,其行李、包裹用房中应设有路用车递品仓库及办公用房,使用面积不宜小于 40 m²;位于区段站时,使用面积不宜小于 20 m²。

(4) 包裹库的使用面积应按下列公式计算:

$$A = N \times 0.35 \tag{3-1}$$

式中　A——包裹库的使用面积(m²);

　　　0.35——每件包裹占用面积(m²/件);

　　　N——设计包裹库存件数(件);新建铁路客站设计包裹库存件数应根据经济调查数据和类比既有车站包裹运输资料做出评估后确定;改建铁路客站的设计包裹库存件数可按下式计算确定:

$$N = MPS \tag{3-2}$$

$$P = (1+g)^n \tag{3-3}$$

式中　N——设计包裹库存件数,可按发送、中转、到达作业分别计算;

　　　M——距设计最近统计年度的最高月日均包裹作业件数(由所在站统计资料提供),可按发送、中转、到达作业分别计算;

　　　P——发展系数;

　　　g——设计前 10 年实际最高月日均包裹作业件数的平均递增率(%);

　　　n——统计年度至设计年度(远期)间的年数;

　　　S——周转系数,可按表 3-2 选取。

表 3-2　周转系数 S 值

作业分类	周转系数
发送	0.5~0.8
中转	0.8~1.5
到达	1.5~2.5

注:在按式(3-2)计算时,周转系数宜根据所在站实际统计资料分析调整取值。

当设计库存件数少于 400 件时,包裹库的使用面积应增加 10 m²。

(5) 设计包裹库存件数 2000 件及以上的站房宜预留室外堆放场地。

(6) 特大型、大型站宜设无主包裹存放间,其使用面积可按设计包裹库存件数的 1% 设置,且不宜小于 20 m²。

(7) 办理运输鲜活货业务的站房,包裹库内宜设置专用存放间,并应设清洗、排水设施。

（8）包裹库内净高度不应小于 3 m。

（9）有机械作业的包裹库应满足机械作业的要求，其门的宽度和高度均不应小于 3 m。

（10）包裹库宜设高窗，并应加设防护设施。

（11）包裹托取厅使用面积及托取窗口数不应小于表 3-3 的规定。

表 3-3　包裹用房主要组成

名称	设计行包库存件数 N/件					
	N<600	600≤N<1000	1000≤N<2000	2000≤N<4000	4000≤N<10 000	N≥10 000
托取窗口/个	1	1	2	4	7	10
托取厅面积/m²	—	25	30	60	150	300

注：表中所列数值为按设计包裹库存件数的下限计算的最小数值，当采用上限时，其数值应适当提高。

（12）包裹托取柜台面高度不宜大于 0.6 m，柜台面宽度不宜小于 0.6 m。当包裹库与托取厅之间采用柜台分隔时，应留有不小于 1.5 m 宽的通道。

3.4.4　客运服务用房

本着"以人为本"和"服务周到"的原则，按照现行管理机制的要求，旅客运输部门应在站房内设置必要的服务设施，其中包括少量的商业、服务业，以方便旅客在旅行中的需要。客运服务设施和用房的主要组成为：问询处，小件寄存处，邮政、电信、商业服务设施，医务室，自助存包柜，自动取款机，时钟等，并应设置饮水设施和导向标志。

客运服务用房的设计要点如下。

1. 问询处

为解答旅客提出有关旅行中的各种问题，问询处应设在站房的进站大厅、售票厅以及其他旅客主要活动区。问询处的位置应明显，便于旅客寻找，并应设置指示牌。特大型、大型和中型站应设有专门人员值守问询处。

2. 小件寄存处

（1）特大型、大型和中型站应设置小件寄存处，并宜设自助存包柜，小件寄存处使用面积可根据最高聚集人数或高峰小时发送量，按 0.05 m²/人确定。

（2）小型站的小件寄存处可与问询处合并设置。

（3）在中转旅客或旅游旅客的较多站房，小件寄存处的位置可偏向出站口一侧。

（4）小件寄存处应设有便于检查易燃、易爆、危险品的空间。

3. 服务处

服务处视具体情况办理下列业务：旅店介绍、联运客票、失物招领、邮电和电话服务等。

上述服务的某些项目可集中设置,也可分散设置。设置的位置应视作业性质而定,如旅店介绍、联运客票等应设在出站口附近;邮电、电话、书报亭应设在进站大厅和候车厅等旅客利用方便的地方。

4. 饮水处

铁路客站均应有饮用水供应设施。

5. 吸烟处

特大型、大型站应设置吸烟处。

6. 医务室

特大型、大型和中型铁路客站宜设置旅客医务与防疫室。

7. 导向标志

车站的广场、站房出入口、集散厅、候车区(室)、旅客通道、站台等处均应设置导向标志。

8. 商业设施

铁路客站可设置为旅客服务的小型商业设施。客运服务范畴内的商业服务业包括售货部、餐饮厅、影视娱乐和中转旅客短暂休息室等。这些设施,其位置要便于旅客使用,且符合国家现行的商业、餐饮、影视等行业设计规范的要求。

9. 旅客用厕所、盥洗间

铁路客站站房厕所和盥洗间的设计应符合下列规定。

(1) 设置位置明显,标志易于识别。

(2) 厕位数宜按最高聚集人数或高峰小时发送量 2 个/100 人确定,男女人数比例应按 1:1、厕位按 1:1.5 确定,且男、女厕所大便器数量均不应少于 2 个,男厕应布置与大便器数量相同的小便器。

(3) 厕位间应设隔板和挂钩。

(4) 男女厕所宜分设盥洗间,盥洗间应设面镜,水龙头应采用卫生、节水型,数量宜按最高聚集人数或高峰小时发送量 1 个/150 人设置,且不得少于 2 个。

(5) 候车室内最远地点距厕所距离不宜大于 50 m。

(6) 厕所应有采光和良好通风。

(7) 厕所或盥洗间应设污水池。

(8) 特大型、大型站的厕所应分散布置。

3.4.5 客运管理、生活和设备用房

1. 客运管理用房

应根据铁路客站建筑规模及使用需要集中设置,其用房宜包括客运值班室、交接班室、服务员室、补票室、公安值班室、广播室、上水工室、开水间、清扫工具间等。

(1) 服务员室。

应设在候车区(室)或铁路客站台附近,其使用面积应根据最大班人数,按不宜小于

$2\ m^2/$人确定,且不得小于 $8\ m^2$。

（2）检票员室。

应设在检票口附近,其使用面积应根据最大班人数,按不宜小于 $2\ m^2/$人确定,且不得小于 $8\ m^2$。

（3）补票室。

特大型、大型和中型站在站房出口处宜设补票室,其使用面积不宜小于 $10\ m^2$,且应有防盗设施。

（4）交接班室。

特大型、大型和中型站应设交接班室,其使用面积应根据最大班人数,按 $1\ m^2/$人确定,且不宜小于 $30\ m^2$。

（5）广播室。

广播室的使用面积不宜小于 $10\ m^2$。广播室应有符合运输组织工作要求的设施。

（6）给水室。

有客车给水设施的车站应设上水工室,其位置宜设在铁路客站台上,使用面积应根据最大班人数,按不宜小于 $3\ m^2/$人确定,且不得小于 $8\ m^2$。

（7）清扫工具间。

特大型、大型和中型站的集散厅、候车区（室）、售票厅附近宜设清扫工具间。采用机械清扫时,应设置存放间。

（8）公安值班室。

站房内在旅客相对集中处应设置公安值班室,其使用面积不宜小于 $25\ m^2$。

2. 生活和设备用房

（1）技术作业用房。

铁路客站可根据需要设置通信、供电、供水、供气和暖通等设备的技术作业用房。各类技术作业房屋应集中设置。

（2）客运办公用房。

应根据车站规模确定,使用面积不宜小于 $3\ m^2/$人。办公用房宜采用大开间、集中办公的模式。

（3）职工生活用房。

铁路客站宜设间休室、更衣室和职工厕所等职工生活用房,并应符合下列规定。

① 客运服务人员,售票与行李、包裹工作人员间休室的使用面积应按最大班人数的 $2/3$ 且不宜小于 $2\ m^2/$人确定,且不得小于 $8\ m^2$。

② 客运服务人员,售票与行李、包裹工作人员更衣室的使用面积应根据最大班人数,按不宜小于 $1\ m^2/$人确定。

③ 特大型、大型和中型站应在售票、行李、包裹及职工工作场地附近设置厕所和盥洗间。

④ 特大型、大型和中型站宜设置职工活动室、浴室、就餐间和会议室等生活用房。

3.4.6 驻站单位用房

驻站单位用房,是指铁路运输、服务以外的单位,为了方便其与旅客运输有直接业务关系而设置在铁路客站站房内的作业房屋,它包括驻站军代表办公室、海关业务用房、警卫室、旅客医务室、防疫站、铁路公安值班室、工商检查站等。

至于设置哪些驻站单位用房,要根据铁路客站的规模等级和所在地的实际情况,由驻站单位的主管部门与铁路客站的主管部门协商确定,属于国家规定的驻站单位,在铁路客站站房的设计中必须按规定要求设置。

在上述驻站单位用房中,占居铁路客站站房面积较大的是公安机关和海关,下面将予以重点介绍。

1. 公安驻站用房

公安部门驻铁路客站的机构随铁路客站规模的大小而定,通常在大型铁路客站设铁路公安派出所,特大型站设公安段。其设计要点如下。

(1) 公安派出所的房间配备,根据组织机构及定员的具体情况加以确定,各种房间一定要满足治安及侦破工作的实际需要加以配齐,如办公室、值班室、内勤室、内保室、治安室、刑侦分队室(含技术室、暗室等)、留审室、器械库、赃物库、会议室、文体活动室、执勤室(一般为三班制,应考虑每个执勤班均有一间办公室)、间休室、淋浴间、就餐间、茶水间等均应设置。同时,根据侦破工作的发展需要,大的派出所(大型及以上的公安派出所)应设有通信指挥中心室等。

(2) 在铁路客站站房内的重点部位,应设铁路公安值班室。例如,进、出站口、(普通)候车厅(室)、软席、贵宾室、售票厅等。大型及以上站房,售票厅的公安值班室宜设 2 间,使用面积为 25 m² 以上。铁路客站站房内,公安值班室总面积不得小于表 3-4 的规定。

表 3-4 站房内公安值班室最小使用面积

站房规模	特大型	大型	中型
值班室使用面积/m²	75	60	25～45

2. 海关驻站用房

根据国务院的规定,属于提供旅客、行包和旅客列车出入国境的铁路客站,称为"口岸"。口岸分为一类口岸和二类口岸。一类口岸,是指国务院批准开放的口岸(包括中央管理的口岸和由省、自治区、直辖市管理的部分口岸);二类口岸,是指由省级人民政府批准开放并管理的口岸。

凡开放口岸,应根据需要设立边防检查、海关、港务监督、卫生检疫、动植物检疫、商品检验等检查、检验机构,以及国家规定的其他口岸机构。

3.军代表办公室

根据军事交通部门的需要,一般在铁路客站内设军代表办公室。其位置要便于军代表处理军运业务和通往铁路客站台。军代表办公室一般设一两个房间,作为办公和休息之用。

3.4.7 铁路客站的无障碍设计

铁路客站作为公共交通设施,为了便于残障、老年旅客的使用,应根据《铁路旅客车站无障碍设计规范》(TB 10083—2005)、《城市道路和建筑物无障碍设计规范》(JGJ 50—2001)的规定设置无障碍设施。

1.无障碍设计的范围

由于铁路客站规模等级的不同和所在城市的政策标准不同,要求无障碍设计的范围也不同,在此仅就一般情况的范围说明如下。

(1)车站广场宜考虑无障碍专用停车场及通往站房的无障碍通道。

(2)铁路客站站房的无障碍通道、垂直升降电梯、旅客厕所无障碍厕位。当采用综合楼站房时,首层的商业服务设施应考虑无障碍通道。

(3)铁路客站台及其垂直升降的电梯。

2.无障碍设计的一般要求

(1)残障、老年旅客在铁路客站的活动,应视为一种特殊旅客流线,在建筑布局与设计中应给予足够的重视。

(2)旅客进、出站的无障碍通道,要保持连续性。

(3)无障碍设计的基本尺度、做法。

无障碍设计的基本尺度,主要取决于残障人中肢残者的代步工具——轮椅的通过性空间条件,如果建筑物能保证轮椅通行的要求,使用其他辅助工具的肢残人也就可以通行。一般轮椅的尺寸为 1200 mm×800 mm×980 mm,转弯半径 850 mm。

为盲人设置的无障碍通道主要是设置盲道。盲道由具有条状或点状凸起的砌块铺设,条状凸起砌块示意前进,点状凸起砌块示意"注意"或"转弯"。

(4)无障碍设计的最低标准。

① 残障、老年旅客流线设计的最低标准,如图 3-20 所示。该图以大型及大型以上高架候车厅铁路客站为例,对残障、老年旅客流线的最低要求就是进、出站流线合一。

② 铁路客站站房入口兼作残障、老年旅客进、出口。要在站房平台中,对应专用停车位处设置不小于 1200 mm 宽度的坡道,以取代一步台阶。其三面坡度均不应大于1/12。专用停车位的位置最好设在站房入口处附近,以便缩短进站距离。

③ 铁路客站站房内,凡通行轮椅的各类门(含电梯门)净宽不得小于 800 mm;走道净宽不得小于 1200 mm;室内坡道的坡度不宜大于 1/12。部分残障旅客也可通过踏步楼梯,楼梯的踏步尺寸可同健全人使用的标准。

④ 公共厕所内应设置一部残障人士专用厕位。

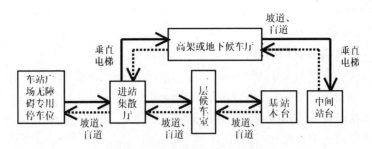

图 3-20　无障碍旅客流线的最低要求

达到上述标准的铁路客站,可在显著位置上悬挂国际统一的"无障碍建筑设施标志牌"。

3.无障碍设计要点

1)专用停车场

残障人士专用停车场的做法如下。

(1)交通管理部门,要为专用停车场设置残障人士使用的标志。

(2)停车场到站房入口之间,应设安全通行坡道。

(3)停车场要尽量靠近站房有垂直电梯的入口。

2)出入口

供残障人士、老年旅客使用的进、出站口,应设在通行方便和安全地段。室内设有垂直电梯时,出入口应靠近电梯等候厅。室内外高差要等于或小于 20 mm,若超过此限,应采用坡道。出、入口的内外均应有 1500 mm×1500 mm 平坦的轮椅回转场地。当设有两道门时,门扇开启后应留有不小于 1200 mm 的轮椅迂回净空。

3)坡道

供残障人士、老年旅客使用的门厅、通廊、走道等地面应平坦,当有高度差时,应设宽度不小于 900 mm 的坡道。

每段坡道的坡度、允许最大高度和水平长度,应符合表 3-5 的规定。

表 3-5　坡道坡度、最大高度和水平长度

坡道坡度(高/长)	1/8	1/10	1/12
每段坡道允许高度/mm	350	600	750
每段坡道允许水平长度/m	2.80	6.00	9.00

每段坡道在超过表 3-5 规定的高度时,应在坡道中间设不小于 1200 mm 深度的休息平台;在坡道起点和终点应留有深度不小于 1500 mm 的轮椅缓冲地带;坡道两侧设 900 mm 高的扶手;两段坡道之间的扶手应连贯,在起点和终点外还应延伸 300 mm。坡

道凌空侧应设安全挡台。

4）楼梯与台阶

为盲人和老年旅客使用的楼梯应满足下列要求。

（1）踏步尺寸高度不大于 150 mm，宽度不小于 300 mm；当高度小于 100 mm 时，应在首步前以坡道调整踏步，避免出现高低不等的踏步。

（2）踏步横断面做法不应采用突缘的形式。

（3）不宜采用弧形楼梯，楼梯宽度不宜小于 1200 mm。

（4）楼梯扶手及凌空侧挡台做法同坡道的标准，盲人和老年人使用的台阶超过三级时应设扶手，并与乘轮椅旅客的坡道并设。

5）门

残障人士使用的门最好采用自动门、平开门，不得采用旋转门和弹簧门，且应满足下列要求。

（1）门的净空宽度不小于 800 mm。

（2）门的内外面都应装棍式拉手，平开门的开关以肘式为好。

（3）原则上平开门应向室内开，要保证看到对面，以防相撞。

（4）必要的地方，门前设盲道并装设音响指示器。

6）电梯

电梯是残障人士和老年旅客的主要垂直交通工具，应位于大厅的明显位置上。进站大厅和每个中间站台（高架候车厅）应保证有一部可供残障人使用的电梯，一般做法如下。

（1）电梯门的净空宽度不小于 800 mm，入口平坦无高差，候梯厅的面积不应小于 1500 mm×1500 mm。

（2）轿厢平面尺度要满足轮椅进入的要求，一般为 1350 mm×1400 mm，不得小于 1100 mm×1400 mm。

（3）自行操作的电梯，其呼叫按钮、操作盘及扶手的安装高度要便于乘轮椅者使用。

（4）为方便盲人使用，呼叫按钮附近要装盲文指示牌，梯厢内设音响器，报告所到层数。

7）柜台

铁路客站内使用柜台的场所很多，如售票厅、商店、邮局、旅馆等，考虑残障人士利用的一般做法如下。

（1）为残障人设专用柜台，位置要易于接近。

（2）为乘轮椅旅客设低柜台（720 mm），台面要尽量薄，下面留出保证腿部能伸入的空间，以便残障旅客身体可以靠近。

（3）盲人柜台可利用普通柜台，需由盲道引导到达。

8）厕所

残障人士行动困难，外出时往往因没有合适的厕所，造成很大的不便。铁路客站的公共厕所中应设有残障人士的专用厕位，并满足其特殊要求，一般做法如下。

（1）男女公共厕所都需设残障人士厕位，并解决好出入问题，同时应留有 1500 mm×1500 mm 的轮椅回转面积。

（2）专用厕位设隔间，其大小应容纳一个轮椅。隔间门宜向外开或为推拉门。厕所间门口处地面，垂直坎高差不得大于 20 mm。

（3）门以推拉式为好，把手采用棍式或肘式。

（4）便器采用坐式。便器旁应设有保持平衡的扶手，扶手可做成折起式以节省空间。

（5）便器的高度与轮椅的高度应一致（450 mm），便于乘轮椅者将身体移至便器上；洗手盆高度适宜，下部留有空间。

（6）地面采用防滑材料。

9）饮水器、休息椅

铁路客站站房内的候车厅（室）需设饮水处、休息椅，考虑残障人士使用时，一般做法如下。

（1）设施旁保证一定面积的平坦地面，使乘轮椅者也能靠近。

（2）如采用饮水器时，其高度要便于乘轮椅者使用。

（3）休息椅的高度应有多种，稍高于普通休息椅高度的公共休息椅，便于老年、部分肢残旅客起立。

10）专用电话

（1）有两台以上电话的公用电话处，应设置一台可供残障旅客使用的电话，位置设在易于残障旅客接近的地方。

（2）供乘轮椅旅客使用的电话台高度要适当。

（3）供拄杖旅客使用的电话处，其墙壁及电话台前应设扶手，以保持旅客身体平衡。

11）旅客站台

旅客站台是盲人上下车的必经之地，也是最危险的场所，如站台边缘和地道入口处。因此，铁路客站台要特别注意保证残障人士（尤其是盲人）的安全。一般做法如下。

（1）站台面铺砌的砌块分为两种，一种是示意前进或转弯的诱导砌块，另一种是示意注意危险的警告砌块（即停步和导向块材）。

（2）在地道入口处，为了提醒盲人注意地道口危险的信息，应铺砌 600 mm 宽的警告砌块带。同时为表示由站台进入地道的位置，应铺砌起预告作用的诱导砌块。

（3）站台边沿对盲人旅客来说是最危险的地带。为使盲人得到站台边沿的危险警示，应铺设警告砌块和防滑瓷砖。警告砌块应在距站台边缘 1000 mm 处连续铺设，宽 300 mm。当铁路客站台铺砌警告砌块时，白色即可省略。

（4）对站台上的雨棚柱等障碍物，也应在适当部位铺砌警告砌块。

12）图形标志

按照国家颁布的图形标志，对于供残障人士使用的设施应安装图形标志。在紧急疏散时，这样的标志尤其重要，一般做法如下。

（1）安装标志的位置要醒目，照度要较高。

（2）标志的大小以（200 mm×200 mm）～（500 mm×500 mm）为宜。

（3）标志的颜色要明显，以白地、蓝色图案为好。

3.5 商业空间和综合楼站房的讨论与实践

当代中国铁路客站的功能定位已从单一的铁路客运作业场所和"城市的大门"，向多元化的城市综合交通枢纽和城市活动中心之一的定位转化；与此相应，大型以上铁路客站站房的功能布局也从平面分散等候模式，转化为综合立体化空间模式；铁路客站建设的投资体制和管理体系也在变革之中；近年来，站房内、外的商业空间都有逐渐加大的趋势。这些新情况都需要建筑师加以认真的考察和研究。

对综合楼站房的讨论已持续多年，一般可将其定义为集成了旅客所需要的购物、餐饮、住宿、娱乐乃至通信、金融等多种与人们日常生活相关的服务项目与设施的铁路客站站房。

探讨一种变化或形式的前景，无非是从"需求"和"可行性"着手。

3.5.1 早期的尝试

早在 1981 年，在"城市交通运输的发展方向问题"的讨论中，铁道科学研究院介绍了日本等国在建设铁路客站时，为了方便旅客，在站房中综合了为旅客和市民服务的设施，包括商店、旅馆、饮食和文化娱乐等，并提出在今后铁路客站的建设中，应考虑将"综合服务设施分站内与广场四周两部分设置更为合适"的建议。

在 1983 年，广州站通过旧站改造的途径，利用富裕空间，将过去单一为旅客办理乘、降车业务的站房增加了商店、餐厅和旅馆（140 床位），实现了配置较为齐全的站房综合楼。这项改造占用原普通候车面积 4000 m^2、其他面积 1000 m^2，改建为 10 000 m^2 的综合服务设施。这项改造大大方便了旅客和周边市民，也为客站创造了一定的收益。旅客的进、出站流线既未改变，也没有影响客运能力。但使得站房前雨廊吸引客流较大，人群密度升高，因为这一综合楼是改建而来，站前广场及路网并未为此做出安排，若是新建客站综合楼，则能避免。

新沈阳北站是继上海站、新天津站之后于 1990 年 12 月开通使用的特大型铁路客站，并首次在国内特大型铁路客站采用综合楼站房以及与铁路客站同步配套的地下街，使沈阳北站变单一的客运服务功能为较完备的综合服务功能。其宗旨是"实用方便、综合服务",为旅客创造一个丰富的空间和环境,使旅客进入车站后,候车、乘车、购票、托运行李、参观、购物、就餐、娱乐、休息均可在综合楼站房内得到解决。

沈阳北站综合楼站房,包括服务楼进站大厅、高架候车室、售票处、行包房、出站厅和生产办公楼等,服务楼作为车站的主楼面向广场,其两翼有出站厅、售票处、行包房,由连廊连成一个群体。服务楼1~4层为综合服务部分,左侧一、二层是为旅客服务的餐厅,三、四层是专为住宿旅客服务的餐厅。右侧为商场部分。除上述功能外,还设有舞厅及闭路电视演播厅,回廊部分安排了酒吧及咖啡厅。5~16层(其中有两层为技术作业夹层)分别设有高、中、低档客房400多间,共有1300床位,并有相应的辅助房间,库房,大、小会议室,展厅,写字间,洽谈室等。

3.5.2　需求分析

1. 旅客的需求

1) 住宿需求

中转旅客在中转站停留超过一夜或一日以上者都需要解决住宿问题;即便是到达终点站的旅客,除当地市民之外,也有一部分在城市短期逗留者需要解决住宿问题。

铁道科学研究院曾对几个大城市铁路客站下车旅客的流向做过专项调查。调查结果显示,在下车旅客中,需住宿的旅客人数呈逐年上升之势。

随着我国经济的发展及人民生活水平的提高,现有旅馆数量已不能满足要求,如上海、天津、北京、沈阳、广州等大城市的旅馆业已无"淡季"。为使中转旅客不再为住宿奔波,也为减轻市内交通流量,铁路客站确有必要考虑旅客住宿问题。

2) 餐饮需求

在以往的铁路客站设计中,没有强调设置"旅客餐厅"的要求。但由于旅客需要,有些铁路客站压缩了过大的候车室或广厅面积开设旅客餐厅,或者在站前广场开设临时性饮食点,甚至在站前沿街设点摆摊出售食品、饮食,这些都说明铁路客站有设置旅客餐厅的必要。如广州站1983年5月的平均月收入中,餐厅收入占77%,食品售货占14%,冷饮销售占9%,可见餐厅服务很有必要。

再如,天津站改建前,站前有固定建筑的饭馆9个,食品店5个。在其他站站前的商业服务网点中,饭馆、食品店的数量也都很大。

随着我国人民物质文化水平的提高,旅客要求也随之提高,自带干粮坐火车的情况恐怕很少会出现了。同时,由于扩大列车编组、列车定员增加等情况,餐车仅能解决部分旅客的就餐问题,所以,铁路沿途各客站都在加强地面供应。铁路客站设立餐厅,除可向途经各次列车供以优质、方便、经济的食品外,同时还能满足站内上、下车及换乘旅客的需求。国外的铁路客站一般都设有餐厅。铁路客站应更好地服务于旅客,而不能为"方便管理"而压缩为旅客服务的设施。这也是新时期铁路客站建设"以人为本"理念的体现。

3）商业需求

在由于旅客需求而兴起的车站商业设施中，以旧天津站、老北京南站最为典型。这两个车站都离市中心商业区较近、且有方便的交通工具，附近居民较少。但为旅客服务的商业网点却很多，供不应求。

天津站距市中心不到 2 km，站前有 8 条公交路线，交通很方便。但由于旅客的需要，在距站房 100 多米的范围内商业网点（固定建筑）已达 20 多个。

老北京南站在广场内外，仅几十米长、十余米宽的狭小空间内开设了百货商店、综合商店、日用杂品商店等 8 家商店，商店内顾客十分拥挤，生意兴隆。由此可以看出车站商业服务设施的必要性。为此，在站房内部可设置较以往的小卖部规模更大的百货商店，增加售货品种、数量，以解决旅客的需求。

4）旅客的其他需求

旅客的需求是多方面的，除了基本的餐饮、住宿、购物外，还有其他方面的需求，如影视欣赏、报刊阅读、邮电通信和金融服务等。建立这些服务设施既可方便旅客，又可分散旅客候车地点，还可减轻城市交通的压力。

综合以上情况可以得出结论：旅客对于各种综合服务设施的需求是明显的、较大的。

2. 建设方面的需求

1）节省建设用地

随着社会经济发展，城市建设用地越来越紧张，尤其在铁路客站地区，土地的价值更高。如果新建站房采用综合楼形式，比分散建设可以减少建设用地、降低工程造价。在此仅做一个简单的比较即可说明。

假如一个铁路客站需要建设站房 20 000 m²，综合服务设施 40 000 m²。如果采用分散建设的形式，低层站房容积率一般为 100%，则占地面积 20 000 m²；综合服务设施容积率可达 300%，则占地 13 300 m²；两者合计 33 300 m²。如果采取综合建设的形式，则容积率可全部为 300%，占地面积 20 000 m²。

两种建设形式占地面积相差 13 300 m²，可见，综合建设比分散建设可节省 40% 的建设用地。

2）投资因素

大多数铁路客站建在市区或城市近郊，征地拆迁费占全部工程费的 30%～40%。如果节省 40% 的征地拆迁费，即可节约 12%～16% 的工程总投资。但是，布局的复杂化必然带来结构和施工的复杂化，也将带来投资的增加。

综上，由于现行建设用地机制和投资规模的限制，建设方面对于综合楼站房的需求并不十分明显。

3.5.3　综合楼站房的可行性

新的时代对铁路客站综合服务水平的要求日益提高，综合服务设施也应日益完善，这给铁路客站建设带来了新的挑战和机遇。

1. 国家的支持

国家各级政府对铁路客站建设的支持是至关重要的,客站投资不仅要考虑运输作业设备的需要,而且要考虑客运综合服务的需要。客站不再是单纯供旅客买票、乘降车的场所,而是一个城市的综合换乘中心和交通枢纽之一,要与其他交通公共工具(如公共汽车、地铁、出租汽车等)衔接,特别是与地下铁道、轻型轨道等现代化交通工具衔接。在暂时不能同步施工的情况下,建设新铁路客站时还应预留地铁出入口等条件,且综合服务设施的增加也会使铁路客站总建筑规模和投资额随之增加。

2. 统一管理

铁路客站是铁路客运业务的基本生产部分,在车站内设有铁路内部不同部分的驻站工作,也驻有铁路之外国家各种执法单位。随着综合服务设施项目的增加,在管理体制上,站房内的综合服务设施一般由铁路系统统一经营管理,这样既可消除管理上的真空区域,又可消除重叠区域,而且有利于房屋、水、电、热、气管线等硬件系统的保养与维修。

3. 建筑设计与工程问题

采用综合楼站房给建筑设计、结构设计带来很大挑战。从建筑设计上讲,既要保证旅客进出站流线的顺畅和便捷,又要保证综合楼顾客流线的畅通;既要方便旅客运输的管理,又要提高综合服务的经济效益。在建筑布局上需不断探索、努力创新,找到适合我国国情的综合楼站房的建筑布局模式。在结构设计上,往往是客站底层为客运部分,需要大空间;而高层为综合服务,如旅馆等,需要小开间;其他方面也随之复杂化,如防火、防灾设施等。这些矛盾的解决都需要建筑师们的努力探索和创造。相信工程上的问题,都可以随着科学技术的进步,逐步加以解决。

4. 市场研究

与任何一个建设项目一样,在决定一个具体的铁路客站的站房建筑形式时,是否采用综合楼站房这种建筑形式,严肃、科学、认真的市场需求调查和经营损益动态分析是必不可少的,也是最后决策的唯一依据。市场调查的内容参见表3-6。

表 3-6 市场调查要点

调查项目		调查内容	调查目的
火车站商业服务圈的划定和将来的规划	交通体系和地理环境	(1) 铁路、地铁、公共汽车、出租汽车、自行车等各种车辆的乘车人数; (2) 各运输系统的相互换乘人数	(1) 核定商店设施的规模; (2) 分析公共汽车、停车场、公共地下通道的功能配置和有关设施与引道和经营的关系

续表

调查项目		调查内容	调查目的
火车站商业服务圈的商业、服务业调查	交通网	（1）交通车辆的发车地带分布； （2）顾客的居住范围（包括自行车）	（1）确定火车站商业服务圈的范围； （2）设施计划的基础资料
	地区概况	对下列各项的现状及将来的估计： （1）人口及家庭数； （2）年龄构成、家族构成； （3）收入及消费支出额； （4）零售商店数、售货面积及销售额（按营业情况和行业种类分）	（1）对需要的估计； （2）目标的估计； （3）营业内容的确定
	购买动向	（1）火车站服务圈内消费者购货场所； （2）消费特点（生活水平）	火车站商业服务圈的划定和规模的确定,商业规划等资料的判断
	大型商店的开发计划	位置、规模、售货政策、经营主体等	开发计划的关联性分析
类似商业中心的情况调查		（1）不同经营品种的构成； （2）入店顾客数、买货人数、售货额的发展规律； （3）迁入条件； （4）组织、工作人员数； （5）经营政策； （6）经营成绩及其分析； （7）选地条件	（1）设施的规模、销售额预估、商业规划、收支计划及资金计划等的确定基础资料； （2）设施规划的基础资料
与收支计划及资金计划有关的调查		（1）商店设施： ①保证金、押金、房屋租金、共同管理费等单价； ②经营收支； ③其他。 （2）饭店： ①住宿费标准； ②客房效率； ③饮食部门的上座率及销售单价； ④经营收支； ⑤其他	测算经济效益 测算经济效益

3.5.4 商业空间的探讨

1.铁路客站业务

尽管铁路客站因分类的不同,功能存在一定差异,机构设置也不尽相同,但从总体来说其业务都可以划分成两大类:运输性业务和商业经营性业务。运输性业务主要包括客运服务业务和客站技术作业。商业经营性业务主要包括商品零售、餐饮、住宿、寄存等。客运服务业务由客站客运及售票部门负责承担,客站技术业务由客站运转及设备部门负责承担。在客站业务中最重要的部分是与旅客直接相关的旅客服务体系,具体包括站房站台服务系统、客票发售和预订系统、旅客导向系统、旅客查询系统、列车到发通告系统、自动检票系统、自动广播系统、餐饮服务系统以及城市交通配套系统等。铁路客站运营管理必须保证各项业务的顺利开展。这种运营管理方式的变化也带来新客站设计的变化,影响了客站管理用房的位置选择、客站控制系统整合以及商业经营等服务系统的一系列设计决策。

2.综合经营提高效益

铁路客站的运输生产性服务由客运部门负责,包括商品零售、餐饮及其他延伸服务在内的非运输生产性服务,由多种经营企业运营。过去,多种经营企业与客站所属铁路局存在产权不清、责权不明的问题,并且经营业务和方式高度分散,经营项目单一、层次低下,服务能力不强。当代铁路客站的运营面临着旅客对服务质量的更高要求,面临着客站作为综合交通枢纽角色定位、复合功能布局等新变化趋势,更需探索全方位、多层次、高品质的综合开发模式,建立规范的管理体制和经验模式,提高经营效益。

3.铁路客站商业开发的变化

"以人为本,综合服务"既是广大旅客的需求,也是对新时期铁路客站建设理念的具体贯彻。

商业经营性业务是铁路客站运营中必不可少的组成部分,这已成为大多数铁路客站设计者、管理者的共识。铁路客站除了客票收入外,另外一个收入来源就是站内商业收益,如果商业运营得当,可以收到"以商养路、以商补站"的功效,如日本东京西武铁道的多种经营收入已经超过了铁路运输收入。商业空间还可以作为候车空间的有益补充,为客流高峰时期滞留的旅客提供方便,也能为旅客在进站上车的过程中提供便利的服务,因此,商业布局设计也是铁路客站设计的重要内容。

在我国以往的铁路客站中,常见的商业设施主要有三种形式:在铁路客站周边区域建立大型综合商业区,形成"客站商圈",这种类型实例非常多,如成都北站商业圈等;与客站建筑联合,采用客站综合楼模式,利用地下层和地上层将商业空间和车站客运空间结合起来,如沈阳北站、杭州站和北京西客站;在客站内部设置适当规模的商业空间。

经过多年的运营实践(最早的沈阳北站综合楼于1990年底启用),"客站商圈"和"客站综合楼"的形式都出现了一些变化,也暴露了以下问题。

(1)"客站商圈"和"客站综合楼"的营业收益不如预期。

（2）"客站商圈"和"客站综合楼"未能全面带动周边商业的发展，未能如愿形成"客站商圈"。

（3）以客站综合楼的形式刺激商业发展的初衷未能实现，而且缺乏与之相适应的市场运作机制。

主要的变化如下。

（1）客站商圈理念已经被"以铁路客站为中心的综合交通枢纽带动周边城市发展"的观念所代替。随着市场经济的逐步完善，形成了客站周边土地开发利用的新格局，有专家指出："在大都市火车站地区利用地下空间建设大型的商品城是世界的共同趋势。"

（2）在目前"大空间"、"通过式"站房设计的发展趋势下，客站综合楼也和新的站房功能布局和形式不相吻合，因此，在近年铁路客站的设计中，大多采用在客站内部设置相当规模的商业空间的模式。

在新一轮的客站建设中，通常在设计方案中就对商业空间的布局进行了系统筹划。

4. 商业空间对建筑布局的新要求

1）商业规模

毫无疑问，交通通行是铁路客站的首要功能。我国铁路客站曾经过分突出对商业经营空间的设计，最后效果却不尽如人意。在当代"通过式"候车模式中，旅客在铁路客站中的逗留时间将大大缩短，因此商业开发规模需要控制在一个与之相适应的范围内。一旦开发过度就会影响铁路客站通达性等交通组织功能。只有实现了商业开发和交通功能的一体化组织和布局，才能实现双赢的目标。

2）商业设施的布局

铁路客站的传统商业布局通常有商业中心式和商业走廊式两种方式。商业中心式往往比邻主要交通营运区域，并自成一区；而商业走廊式主要是围绕主要营运区采用零售商业走廊的方式，如伦敦国王车站第八站台边上有成排布置的商店和餐厅。

随着当代铁路客站的发展，铁路客站商业设施的布局出现了以下新模式。

（1）立体化。随着立体换乘功能空间在铁路客站中的应用，铁路客站在空间组织上有了更多的变化，在地下、地上、站房顶盖等客站空间中都可以进行商业空间布局，出现了"立体化"发展趋势（见表3-7）。

表3-7 商业空间的空间组织模式

组织模式	平面组织模式	立体组织模式		
功能组织	商业在枢纽周边	上盖开发	地下开发	枢纽商业综合体
示意图				

续表

组织模式	平面组织模式	立体组织模式		
功能组织	商业在枢纽周边	上盖开发	地下开发	枢纽商业综合体
优势	商业设施相对独立,方便安排人流、货流,对交通枢纽干扰较少	与枢纽联系便捷,有利于交通枢纽整体形象的塑造,有分期实施的可能性	节省土地,有利于人车分流,加强与周边建筑的联系	商业设施最大程度接近旅客,尤其方便停留时间较短的换乘旅客
劣势	商业距离交通流线较远,不利于向以换乘为目的的短时间停留旅客提供商业服务	需注意枢纽人流与商业人流、货流的关系	造价一般比地上要高,采光通风、安全疏散等问题需妥善处理	商业会对交通造成一定程度的干扰,使消防疏散问题变得复杂
代表案例	新宿站、品川站、荷兰乌德勒支火车站、纽约中央火车站、北京南站	香港九龙站、虹桥枢纽、拉德芳斯新区	上海南站、新宿站、福冈天神站、梅田站、名古屋站	京都站、西直门交通枢纽、柏林中央火车站

（2）融入化。为适应"通过式"候车模式的需求,在铁路客站的商业布局中,逐步改变了过去与其他功能空间截然分开的做法,与候车空间不再彼此割裂。如目前在候车空间中出现了类似航空站楼的开放的休息和餐饮区域。也有专家建议:在进站集散厅中引入商业服务功能,面积指标不再严格控制,而是根据车站所处位置的具体情况,由车站服务部门具体确定。只有以这样更灵活、更开放的方式进行设置,才能更方便旅客使用,也利于车站方的管理,并适应"通过式"乘车模式的要求。

3）商业形态及定位

以往铁路客站中的商业大多为餐饮、杂货日用品等业态,多经营中、低端商品,在人们的印象中整体档次较低,经营状况不够理想,分析其原因与当时的经济发展状况和旅客经济能力有一定关联。但随着铁路的发展,高速铁路、城际铁路、客运专线的开通和客站与其他交通工具的"无缝"衔接,将会吸引更广泛的旅客群体。为了适应这一变化,并反映铁路的现代化和经济性,铁路客站的商业形态需要作出相应的调整。

据研究,欧洲客站商业形态常呈现出两个特点:一是业态的综合性,即以车站地下大型超市商业和地面小型商业、商务办公楼、旅游设施、公共娱乐、园林景观融合而成;二是业态的选择性,客站利用一切手段追求经济利润的最大化,并与历史风貌、城市功能相配套。这两个特点看似矛盾,但实际上是互为依存、彼此约束的。业态的综合并不意味着盲目堆砌,而是在对客站在城市中的区位及定位、当地经济发展程度、车站旅客群特点等相关背景的深入研究后进行的选择和综合。而多样的业态选择也保证各种经营可以互为补充,满足旅客的多元需求。

在当代铁路客站的新建和改建项目中,商业业态已呈现更多元和丰富的发展趋势。如青岛火车站引进了肯德基、SPR 咖啡厅、康杰大药房、上海宾佳超市、青岛海瑞体育、青岛枫桥文化传媒公司等商铺,提供了满足旅客买票、购物、候车、休闲等综合需求的"一站式服务"。除此之外,零售业也以更多样的形式进入了铁路客站,如占地 $50 \sim 500 \ m^2$ 的各种零售店、售货亭、自动售货机等。

这些不同的零售业可以满足各种旅客对服务业的需求。但这些业态的选择是否恰当、合理,则有待进一步考察、研究。

4 铁路客站形体设计

建筑之美在于"适用、坚固、美观"。前面我们介绍了建筑的"适用"之美,本章将着重讨论建筑的"美观"。

建筑设计不仅要满足使用功能,还要考虑建筑与环境的关系、历史的延续、文化的传承、思想的表达和美的感受。最终这些内容总要通过外在的形态表现出来,即建筑造型。建筑造型包括形体、轮廓、立面、色彩、细部等,它是建筑内部与外部空间的表现形式。建筑造型在满足人们物质要求的同时,必须满足人们对美的渴望,因此,物质与精神上的双重要求,是创造建筑形式美的主要依据。一般来说,一定的建筑形式取决于一定的构思内涵,同时建筑形式又能反作用于建筑的功能,并对建筑的功能起到一定的影响和制约作用。建筑造型设计应该是在平面设计的基础上研究建筑的空间表达形式,并从总体到细部进行协调、深化,使形式和内容完美统一,从而获取完美的艺术表现形式。

建筑的形体不仅是内部空间的反应,也是建筑功能特点的反应。可以说,建筑的形体就是其性格特征的表现,它源于建筑的功能,又是一件独立存在的艺术品。

4.1 平面形式与形体塑造

4.1.1 影响平面设计与形体塑造的因素

1. 使用功能与平面设计和形体塑造的关系

建筑是人类活动的场所,不同建筑中人流的集散方式、流量、活动模式以及对建筑空间的要求有着很大的差异。这些差异正是使用功能的特性表达,是建筑师进行平面设计的主要依据。不同的使用功能特性反映在空间与形体组合上,必然导致不同的结果,这正是写字楼、住宅、旅馆、博物馆和火车站的平面设计与形体塑造的差异所在。同时,尽管使用功能对平面设计与形体塑造的制约是确定的,但形式对于功能绝不是盲从的。建筑师完全可以创作出多种平面与空间形式以适应不同建筑的功能要求,进而赋予建筑形体更加丰富而鲜明的形象。

不论是"功能决定形式"、"形式唤起功能"还是"形式追随功能"、"形式表达功能",最终都必须在形式和功能之间获取一个创作平衡点,达到功能与形式的和谐与统一,从而创造出功能完善并具有强烈艺术感染力的建筑作品。

我国铁路客站作为功能最复杂、人群聚集度最高的公共性建筑,面临着中国所特有的、非常复杂的功能性要求,具体如下。

（1）不同阶层旅客出行乘车需求的巨大差异。

（2）对季节性出行高峰客流的适应性问题。

（3）与城市交通的衔接与换乘要求。

（4）日益复杂的社会治安状况。

（5）市民和政府强烈关注的城市形象要求。

（6）铁路客运系统自身在物质技术条件与运营模式不断发展、创新的情况下，对客站建筑提出的新要求。

可见，铁路客站是当代中国城市发展日趋复杂化的缩影，其空间形态设计必然面临一系列问题。

2. 基地现状对平面设计和形体塑造的制约

任何一个建筑项目，都必须建立在对基地特定条件的分析和评价的基础之上。基地所处地段、大小、地形与地貌状况等往往是建筑师进行平面构思与形体塑造的切入点，"因地制宜"是建筑师进行创作应该遵循的一个基本原则。这样，设计方案才能与基地现状完美结合，从而创造良好的使用空间与视觉效果。大量的实践经验告诉我们，特殊的基地条件在制约创作的同时，也为平面构思与形体塑造提供了特色因素。

现代有机建筑理论认为，建筑应该像从环境中生长出来的一样，人、建筑、环境应融为一体。人类建造房屋的最初目的就是要营造一个安全而舒适的场所，尽管现代空调设备可以造就极佳的人工气候环境，但使建筑适应当地气候形态，充分利用自然条件，应是建筑师们永远的追求。

3. 建筑师艺术素养对平面设计和形体塑造的影响

建筑师都是在现有的客观条件下从事创作的。面对相同的客观条件，不同的建筑师会赋予建筑方案不同的内涵与表达。建筑师的道德修养、理论水平、艺术造诣、工作方式、实践经验以及敬业精神都将在建筑的平面设计与形体塑造中得到充分反映。如果客观存在的条件因素是建筑师进行方案设计的物质基础和创作源泉，建筑师本身的创作欲望与才华则是建筑平面设计与形体塑造的决定因素。优秀的建筑师在进行平面设计与形体塑造时，能够很好地把握客观条件对方案设计的影响，凭借自身良好的职业素养变被动约束为主动利用，从而产生优秀的设计创意。

4. 社会因素对平面设计和形体塑造的制约

任何艺术创作都不是在真空中进行的，它们总会受到来自社会各方面的制约，包括思想、文化、经济等因素的制约，有时甚至是干扰。建筑设计是一门造型艺术，它的最终成果不仅要满足人们对使用空间的物质需求，而且承载着人们的多种精神需求。建筑的开发者总是期望设计方案新奇、美观，并追求利润最大化。因此，建筑的平面设计与形体塑造始终受到强烈的关注和制约。这些约束因素通过不同途径直接或间接地渗透到建筑构思、建筑设计与建筑的审美之中，可以对建筑形式产生强烈的影响。

从现实意义上说，建筑作品是由建筑师和建筑物主人共同创作、完成的。

4.1.2 当代铁路客站的平面形式与形体塑造

如前所述,我国铁路客站建筑功能布局历经了平面分散等候式空间模式、集中等候式空间和高架候车模式、快速通过式空间模式和综合立体化空间模式。每一种平面模式都对站房的形体塑造有不同的影响或要求。

1. 综合立体化空间模式的内部空间形态

当代铁路客站从"等候式"向"通过式"的转化,使扩大旅客进、出站集散厅的空间尺度成为必要。站房的进站集散厅和出站集散厅是旅客旅行的起点和终点,扩大集散厅的空间尺度可以为旅客提供一种宽大而通畅的起始空间和舒缓空间,缓解旅客的焦虑心理。此外,扩大集散厅的空间尺度,还可以更好地应对我国特有的季节性高峰人流,并且可以为未来预留更多旅客服务空间。

例如,北京南站的集散厅,贯穿两层空间形成两层视觉互通的高大共享空间,为旅客在进入客站时造就了一个宽敞通透、能直观辨清方位的环境(见图 4-1),对季节性突发人流也有足够的适应性。二层的高架候车区通过通透的中央通道和侧廊,营造了一个豁然开朗的整体性大空间候车区。再如,新武汉站通过 180 多米的超大跨度屋盖结构,将进站集散厅、候车区、站台等的功能整合在一起,把流线的通顺性从空间形态的角度发挥到极致(见图 2-5、图 3-15)。

图 4-1 北京南站进站集散厅

2. 综合立体化空间模式的外部空间形态

由于从"等候式"向"通过式"的转化,使站房与外部城市交通的介面发生了变化。传统站房一般只有单一介面迎送客流,而目前新建的一些新型铁路客站,大多有多个方向迎送客流,更有一些新火车站拥有全方位的、立体的迎送客流的能力。如北京南站,站房的各个边界均可接纳车流和人流,使其周边成为可穿行的廊道交通带。这样的变化拓展了站房界面的数量,带来了更多的变化,为站房建筑的空间形态提供了创新的依据。

在建设位于经济发达城市中心的铁路客站时,近年的许多设计实践是对站房以及铁路站场、车站广场及其他部分进行竖直方向的立体叠合,形成所谓"汉堡包式"的空间组合形态。这样做的好处有两点:一是可节约城市中心宝贵的土地资源,并节约征地费用;二是可显著改善站内流线状况,将各种交通工具整合在一起,为实现"通过式"和"零换乘"创造条件。

这种集约化站房空间形态的出现,导致空间形态处理要素的增加以及需求的复杂化,同样也为站房建筑的形体塑造提供了新的依据和素材。

3. 大型客站车站广场空间形态

不同的城市对车站广场的设计要求有很大的不同,导致车站广场与站房的空间关系也存在较大的差异,这是由需求差异以及客流的复杂性所决定的。

车站广场是旅客抵达与分散的集散空间。在我国,传统上车站广场与站房多是在平面上梯次布置,火车站前的广场被称为"站前广场"就是这种布局的写照。新出现的城市立体交通模式,在功能上注重"通过性"和"零换乘",使车站广场与站房呈立体叠合的空间形态,"站前广场"也就趋于减小乃至消失。此外,在兴建大型以上铁路客站的大型中心城市中,城市内地价极高,这也是造成车站广场尺度显著减小的重要原因,并因此出现了以下一些新的车站广场空间形态。

（1）由站房的大挑檐、大型支撑柱等构造物形成带有半围合性质的广场空间,如新深圳站前部的曲线造型所形成的一个动感十足的"屋顶"广场（见图 4-2）。

图 4-2　深圳站

（2）站房、车场均置于地下,车站广场已经完全失去了本身的立足点,如深圳福田站（见图 2-4）。

（3）"站前广场"不再承担集散等交通功能,已完全成为景观广场,如新天津站的综合换乘功能已被整合至地下和出站口侧的交通广场。

因此,在空间视觉关系的组织上,大型铁路客站平面式广场与站房的空间关系已发生了巨大的改变,需要在广场、城市交通体系和站房三者的立体空间关系上进行整合与组织,不仅要从行人的视点进行空间造型的塑造,还要从城市综合交通体系、城市区域经济发展的全新视点展开空间形体塑造。

4. 中小型客站车站广场空间形态

中小型客站车站广场仍会沿用传统的空间组合模式。有些中小型客站由于在其所属城市中的重要性,地方政府会提供尺度巨大的广场用地,在具备交通功能的同时,这些城市铁路客站的车站广场将更多地具有城市的属性,成为反映城市文化、为市民提供休憩聚集的景观广场。

中小型客站的车站广场,人流、车流的交通组织较为简单,广场的城市功能是其空间形体塑造的关键。这就要求建筑师要处理好客站站房与站外广场的空间关系,而站房与广场的交界面是空间形态处理的重点,因为该界面是最主要的广场围合边界和视觉焦点。在这一界面,既有站房建筑的空间造型处理,又有广场与建筑轮廓线的关联和空间体量对比,同时还必须注重地域文化的表达。在手法上应注意场所的表现主题和视觉印象,还要做好外观与被观的视线关系、空间形态色彩和细部处理等。

在经济较发达的地区,中小型铁路客站的广场与站房的界面形态也开始出现了较大的变化。有的中小型城市的高架桥已穿插到站房与广场交界处,甚至城市轻轨交通也切入到车场区域,形成较为复杂的车站交通体系和人员流线,致使界面构图复杂,成为新的空间形态塑造要素。

5. 车场空间形态

铁路客站站场的空间形态要素是站台、站台雨棚和雨棚支柱。它们的组合关系为:站台雨棚及支撑柱与轨道线路的空间形态关系,站台空间形态,站房与站台雨棚的空间形态关系。

与传统模式相比,我国铁路技术的发展使以上三种组合关系出现了重大变化,形成了无站台柱雨棚体系、"通过式"站台空间形态、"站棚一体化"形式的广泛采用。

1)站台雨棚的空间形态

在中小型客站,传统的站房与站台雨棚形态的形式仍被普遍采用,但也出现了站棚与站房的局部结构组合的情况。当车场标高高于站房入口部分地坪,或者车场设计为高架形式时,站房与站台雨棚的高度接近,可以将屋面与站台雨棚作整体化处理。

在未来发展趋势下,"通过式"的要求也会在不少中小型城际客站、中间站的建设中得到体现,需要注意在站台承担部分候车功能的情况下,站房与站台雨棚组织关系的相应变化。

2)无站台柱雨棚体系

以往的站台雨棚柱设置在每个站台区的中心线上,造成站台适用空间和视觉空间的分割,对旅客的快速流动形成障碍。将站台雨棚柱从站台区移开,可以提供最为开敞通达的交通空间和视觉空间。

雨棚柱位置的选择和排列,可以形成不同的站台视觉空间。根据造型需要,雨棚柱可以设在两条轨道线路之间或连续跨越多条轨道线路设置,或是在某个轨道线路旁设置,在轨道线路区以外形成悬挑的雨棚空间(见图4-3)。雨棚柱也可设在轨道线路横向的两端,使雨棚形成大跨度空间结构,覆盖跨越多条轨道线路,甚至将雨棚柱变为拱穹雨棚的结构体,形成站场空间最大限度的开放。

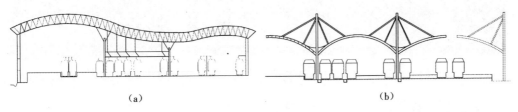

图 4-3 雨棚柱

(a) 武昌站雨棚柱;(b) 南通站雨棚柱

雨棚柱和雨棚顶盖部分,也有很多形式,例如,北京南站的 A 形雨棚柱及其变曲面雨棚顶盖(见图4-4),新武汉站(见图4-5)的树状雨棚柱,这些都为无站台柱雨棚体系带来新的视觉效果；延安站所采用的是张弦梁结构的雨棚屋面支撑结构（见图4-6）。

国外无站台柱雨棚的结构形式同样多种多样，例如，英国伦敦滑铁卢国际铁路客运站采用平面桁架结构，德国慕尼黑中央车站采用空间桁架结构，西班牙德里新阿卡托车站采用的是网架结构，德国柏林新中央车站采用网壳结构，西班牙里斯本东方车站采用拱结构（见图4-7）。此外，常见的还有薄壳、张弦梁、线索结构等。

图4-4　北京南站雨棚

图4-5　新武汉站雨棚

图4-6　延安站张弦梁结构雨棚屋面

图4-7　里斯本站站台空间

3）新时期站台空间

新时期铁路客站功能的新定位和新建设理念的提出，无疑会使站台空间的设计定位产生变化。站台公交化是"通过式"乘车模式的最终目标，旅客只需按时进入站台，即可像乘公交车、地铁一样在可预计的短时间内登车。这一点，随着列车发车率和正点率的大度幅提高，已经在逐步实现。此外，铁路综合运力的提高仍在持续进行中，新建客站在设计时留有一定的"预留量"十分重要。较为宽大、合理的站台尺度不仅可以为不断增加的旅客流量提供弹性空间,而且能够兼顾可能增设的自动扶梯、电梯、小型商业或信息设施等。

从"以人为本"的理念出发,关注站台空间对到站、离站旅客的心理感受也是十分必要的。宽敞、通透且方向辨识感清晰的站台空间,也是提高"通过性"的有效手段。

4.2　结构形式与形体塑造

4.2.1　结构形式对平面构思与形体塑造的影响

任何建筑平面与形体都要通过相应的结构体系得以实现;反之,任何结构体系也只能表现相应的建筑平面和造型。纵观建筑发展史,新型结构体系、建筑材料和设备技术的产生与发展,历来对建筑形式的创作起着巨大的推动作用。一座优秀的建筑必定是艺术创作、结构设计和设备研制等各种专业人员共同智慧的结晶。建筑结构、建筑材料与建筑技术的选取和运用直接影响到建筑方案的平面设计、空间构成以及形体塑造,它们是建筑方案得以实现的必要条件。建筑师在进行平面设计和形体塑造时必须对这些因素足够重视,这样才能使方案设计切实可行,并在其后的工程实施中不致因结构、材料或技术的原因而陷入被动。

毫无疑问,建筑师掌握的结构、材料与技术设备知识越多,方案的可行性也就越大,其平面设计与形体塑造的能力也就越强。坚实的技术知识背景可以为建筑师提供更为广阔的创作空间。

4.2.2　当代铁路客站的结构形式

轻型钢结构在铁路客站的建设中已是成熟技术,更有许多针对新型建筑形态的结构形式和结构材料正在不断涌现出来,为空间形态的创作提供了更广阔的空间。但是,在国内建筑业中,结构与空间形态的整合依然存在不少问题;建筑设计对各种结构形式的潜力挖掘还较保守,与国外相比,在结构的计算和设计中,相似的空间参数却出现较为笨重的尺度,这一方面是建筑师长久以来缺乏与工程师协同合作的工作模式与习惯所致,另一方面是由于建筑师缺乏强有力的结构性思维,缺乏创新冲动,或是满足于运用相对保守和传统的结构形式,对结构的形态美认识不够深入,只是被动地对结构形式进行复制。

针对上述情况,以下介绍一些铁路客站建筑使用空间结构的情况(见表4-1)。

表 4-1　大跨度空间结构在铁路客站建筑中的应用

空间形态	结构类型		应用
刚性空间	薄壳结构		1959年,北京站双曲屋面
	空间网格结构	网架结构	塘沽站候车厅(1976年)
		网壳结构	上海南站
	平面桁架结构		英国伦敦滑铁卢站
	立体桁架结构		北京南站、新苏州站(菱形钢桁架)、德国慕尼黑中央车站
柔性空间	悬索结构		新西安站
	膜结构		—
	整体张拉结构		
混合空间	刚性结构体系间的组合	组合网架	—
		组合网壳	德国柏林新中央车站
		拱支网壳	
	柔性结构与刚性结构组合	斜拉结构	新南京站(桅杆斜拉索悬挂结构)
		拉索预应力结构	—
		张弦结构	延安站雨棚、天津站雨棚
		骨架支承膜结构	德国斯图加特火车站,葫芦岛北站雨棚(张弦梁＋索膜)
	柔性结构体系间的组合	柔性拉索－膜结构(索穹顶)	—

在现有科技条件下,大跨度结构在技术上已经非常成熟,在结构形式的选择上应按照功能、空间与安全的要求选择适宜的结构形式,寻求最佳组合,达到建筑形式与结构的统一。此外,随着科技的发展,各种结构构件已不再是单纯的承重构件,特别是轻型大跨度钢结构的轻盈、飘逸、细腻充分体现了结构自身的美。在设计中可以注重体现结构本身优美而富有韵律的构件,不必做过多附加装饰,体现出力与美的完美结合。如圣地亚哥·卡拉特拉瓦(Santiago Calatrava)设计的里斯本火车站,将传统的哥特建筑意境与现代钢结构完美地结合在一起,创造出一种既充满历史感,又充满韵律感的现代交通建筑(见图 4-8)。

图 4-8 里斯本站外景

4.2.3 当代铁路客站的结构形式与形体塑造

建筑的空间形态是一个综合的概念,既包含空间轮廓、形状、尺度、色彩以及视觉惯性等一系列基本视觉要素,还包括许多相关要素。其中结构的布局与创造十分重要,是完成建筑形态塑造的逻辑内核。对于铁路客站这种拥有大空间、大跨度的大型公共建筑来说,结构更影响着空间形态的各方面。

1. 超大跨度结构

跨度是结构工程影响空间形态的最为重要的因素。在当前的铁路客站建设中,北京南站、新广州站、新武汉站等枢纽型客站在建筑的空间尺度上都采用了各具特色的超大跨度结构,也形成了各具风采的空间形体造型。

其中最引人注目的是新武汉站。为实现"单一空间视觉引导候车"和"绿色通道的客站空间"等的创作理念,采用了网壳、钢管拱、桁架、树状雨棚柱等新型结构形式,建成了最大跨度 116 m、最小跨度 80 m、高度 49 m 的中央主拱,以及次冀结构形成的"鸟翼"型屋顶造型。这些重要的结构组合构件本身既要解决列车穿越影响、复杂风环境、整体结构性能等技术难题,也在其本身的形态尺度上做出了创新(见图 4-9)。

图 4-9 武汉站鸟瞰

这些令人耳目一新的形体造型,再次诠释了结构与空间理念的相互促进作用。

2. 桥梁与房屋合一的组合结构

桥梁与房屋合一,是为了适应站台轨道层跨越地下的地铁层,同时又需支承候车厅层及屋顶的功能需要,而将桥梁与房屋建筑结构组合为一体的综合结构体系。在两种不同结构共存的建筑中,需解决运行不同速度的列车而引起的振动问题、桥梁纵向变形应力的释放问题、整体抗震、桥梁与建筑各自有不同的设计规范的适应性问题等一系列全新技术难题。桥梁与房屋合一的组合结构在北京南站、新武汉站、新广州站等枢纽客站中均得到使用。

桥房合一还要处理好桥梁结构的空间视觉问题。其中,新广州站中央出站大厅桥型结构的视觉效果处理就颇有新意,通过对跨度 64 m 的"桥墩"的形态尺度组合,形成了具有强烈动感和视觉张力的内部空间(见图 4-10)。

图 4-10　广州站出站厅

3. 多维变曲面

在许多大型公共建筑中,采用桁架或网架结构构造对称的单曲面形状已不是难题。而对于多曲面形状,如仍以常规桁架或网架结构构筑可复制单元表现多向变化的曲面,就显得较为笨重,因而需要采取专门的针对性设计,如上海南站的环形多曲面屋顶,采用了 Y 形分叉主梁、中央吊环、环向檩条、抗风钢索等一系列特殊设计(见图 4-11、图 4-12)。

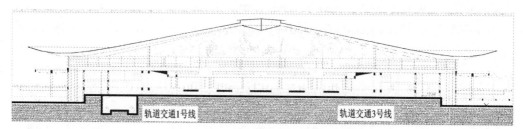

图 4-11　上海南站剖面布置示意图

图 4-12　上海南站晨曦

北京南站的屋顶采用了多维变截面的曲面形状,由94根高度各不相同的A形塔架支撑,并通过不同规格的悬垂下弯线性工字梁用耳板销轴铰接、抗风拉索等组合而成,具有更强烈的视觉冲击力,如图4-13所示。

图 4-13　北京南站俯瞰

4.3　当代铁路客站的美学探索与造型的典型特征

4.3.1　当代铁路客站的美学特征

当代审美最鲜明的特点就是多样性,开放的、多元化的社会形态必然造就多样的审美观。信息时代将所有既往的和前沿的审美意趣展示给公众,当代建筑风格也因此呈现出现代派、高技派、新现代主义、技术风格主义、生态主义、解构主义、新乡土派、新塑形主义等多元化审美观共存的丰富景象。当代审美的另一个特点是对"表现力"的强调,当代建筑美学则追求表达"建筑艺术的意义"。传统建筑美学的美感范畴如构图均衡、比例和谐以及视觉舒适度等要素已被拓宽。

这种多元化的审美观,已经对当代中国铁路客站的空间形态创作产生了巨大的影响。此外,对于某一特定类型的建筑尤其是某一类型的公共建筑,还存在着一种共同的或相似的审美感受,这是由这一类建筑所具有的共同功能决定的。

1.当代铁路客站的性格特征

不同类型的建筑由于功能性质的不同,在建筑形体上也必然呈现出不同的特点,正是由于这种千差万别的功能需求,才产生了千差万别的建筑形体。

建筑的性格特征在很大程度是其功能的自然流露,因为功能是建筑存在的物质基础,一种建筑类型区别于另一种的内因正是其功能。当代铁路客站的现代化功能需求,对客站建筑的形体塑造提供了最为直接的需求和动力。由功能需求而决定的当代铁路客站的性格特征可概括如下。

(1)因大量人群聚集而决定的大空间特性。

(2)由"通过性"需求而引发的空间开放性。

(3)"通过性"需求还引发了建筑内部与外部空间在视觉上的通透性。

（4）由铁路客站成为城市综合交通枢纽而决定的空间一体化特性。

2. 当代审美的总体趋向与铁路客站的空间形体创作

当代铁路客站成为城市综合交通体系的重要节点，也是城市最为活跃的中心之一，必将成为城市时代风貌和地域文化的载体，其建筑形体塑造的艺术性也是广大市民的关注焦点。遵循多样统一性的形式美法则，是铁路客站空间形态创作的基本准则。例如，建筑形体的统一、均衡和韵律等，体现在近年来设计的大多数铁路客站的空间形态中，表明均衡、比例、尺度、韵律等基本审美原则的作用仍是普遍而重要的。

这样的审美取向可以通过制约形成秩序，不仅能够达到动感与张力十足的交响曲般的形体感染力，而且还可以融入一些更新颖的造型元素，实现美学表达上的和谐与平衡。如上海南站圆环对称下的高技派风格（见图4-12），北京南站巧妙的双椭圆平面布局（见图4-13），以及杭州东站未来主义和新塑形主义的有效融合（见图4-14）等。

图4-14　杭州东站

4.3.2　当代铁路客站造型的典型特征

1. 铁路客站的标志性造型

铁路客站是一座城市的门户之一，也是城市最为活跃的中心之一，其建筑是一个街区乃至整座城市的标志。因此，建筑既要完美融于客观空间环境中，又要有较好的被识别性。标志性的处理有如下几种手法。

（1）通过对建筑形体的处理，以明确的空间造型来取得良好的综合效果。

（2）通过钟楼、纪念柱等形式达到视觉和心理上的标示符号，形成具有街区标志性的建筑形象。

（3）以大尺度或灰空间达到纪念意义的标志性。

例如，天津站考虑到新站滨临海河、客站体量扁长，而采取钟塔形式。现代化的高耸钟塔不仅丰富了客站轮廓线，与海河相互辉映，也成为广场的视觉中心（见图4-15）。又如，吉林火车站在改造中保留了原有立方体造型的候车室，这对车站站房的平面功能和立面造型都形成了约束。而建筑师巧妙利用了原有形体，将站房正立面设计成"J"（吉）和"L"（林）两个字头的形状，使立面造型呈现出含义明确的特有符号（见图4-16）。

2. 铁路客站的象征性造型

象征性铁路客站建筑是指建筑以其直观的表达和生动的形象令人们过目不忘。近年来，随着铁路事业的大力发展，国内部分铁路客站大胆采用了这种造型，且造型以强烈的动感展示出城市的兴旺与繁荣。例如，昆明站站房建筑的形体塑造，在选型上着重

图 4-15 天津站

图 4-16 吉林站

考虑与城市形象的关联,在形象定位和个性塑造中力求反映昆明市是一座自然环境优美、人文环境丰富、经济欣欣向荣的旅游城市。大斜面的金属构架屋顶造型极有东方神韵,体现了现代技术的精华。由于站房面北,采用斜面屋顶还可减小对绿色广场的部分遮挡,使人行绿化广场与站房共同沐浴在温暖的阳光下(见图4-17)。

图 4-17 昆明站

3. 铁路客站的高技派造型

高技派是在建筑造型和建筑风格上,注重表现"高度工业技术"的建筑艺术流派。高技派通过对高技术路线的强调,表达铁路客站的交通建筑属性,并展示它的科技特征。此外,铁路客站建筑由于其功能的复杂性,对最新科学技术有所依赖,这也为"高技派"的创作提供了平台。高技派在铁路客站建筑形体塑造中的主要手法如下。

(1)站房建筑和车场的一体化大尺度。

(2)顶、墙、入口等建筑要素的精美结构。

(3)通过明确的几何图形或有机造型达到建筑形象的纯净和统一。

例如,法国里昂机场车站的造型似一只展翅欲飞的"大鸟",巨大的混凝土拱形结构,充分体现了建筑结构的雕塑美,并用高超的设计技巧,将钢、混凝土、玻璃和光有机地融合在一起。钢结构充分体现了现代建筑的技术美;透明的玻璃彻底改变了原本"十字拱"的封闭空间与内向性,开放的空间、柔和的光影、新鲜的空气让一切都大为改观(见图4-18)。

德国施潘道火车站是高技派的又一杰作。火车站的主要大厅长 430 m,完全由相互平行的筒拱屋面覆盖,大厅的屋面结构坐落在纵向延伸的梁上,梁由位于站台中心轴上间隔 18 m 的柱子支撑。每根柱子的轴线交叉点上都设有弧线肋梁。整体结构由在屋顶面层下呈对角线状的拉力钢索支撑。白天,玻璃拱顶内透进了充足的阳光;夜晚,灯光在照亮站台的同时还映射到漆黑的拱顶玻璃上,精致的钢与玻璃结构造就了奇妙的空间感受(见图4-19)。

图4-18 里昂机场火车站

图4-19 德国施潘道火车站

在我国,高技派建筑造型的新型火车站也是层出不穷,如北京南站、上海南站、武汉站、福州南站、深圳站、广州站(见图4-20)等。

4. 铁路客站的地域文化性造型

我国地域辽阔、传统文化丰富,作为一座城市的大门,铁路客站的建筑形象力求反映地域特征,与历史文化名城或风景旅游城市相适应。建

图4-20 广州站

筑师常常从不同城市的传统建筑形式或传统文化形态中寻找创作源泉,包括建筑造型的特征符号等,再依据造型规律和现代审美观念加以"重构",创造出既具有时代气息又充满地方特色的建筑造型。基本造型手法如下。

(1)用类型学的手法提取建筑原型。

(2)从地域文化中提取有代表性的美学符号。

例如,苏州站、南京南站、武昌站、郑州东站、敦煌站、银川站、延安站等。

敦煌站的站房屋顶造型萃取了敦煌石窟中普遍采用的"窟檐"及莫高窟标志建筑"九层楼"的檐口形式,融合唐代的屋面曲线形成舒展优雅的坡檐屋面,线形流畅、檐角深广;两侧屋面采用带线脚修饰的平檐女儿墙;站房建筑造型明快大方,在开朗、优雅的唐代建筑神韵中透出质朴的力度。整体形象如城、如门,寓意着敦煌站站房既是城市之门,又是守望着千年历史文化和艺术宝库的城垣,如图4-21所示。

（a）　　　　　　　　　　　　　　　（b）

图 4-21　敦煌站

（a）立面图；（b）鸟瞰图

5. 铁路客站的功能性造型

功能性铁路客站造型即造型充分反映客站内部功能性质与特点，造型中很少有与功能无关的形体或装饰构件，着力表达形式与功能的统一，具体手法如下。

（1）充分表达内部空间的尺度与对比关系。

（2）着力表达空间的开敞性与明亮度，体现空间的公共性与开放性。

（3）自然地流露出内部空间的功能性质与逻辑关系。

在国内，三门峡站是新建站中此类造型手法的代表，如图 4-22 所示。

图 4-22　三门峡站

4.4　"现代"建筑风格的引入

广义的现代建筑包括 20 世纪出现的各种建筑风格的作品；狭义的现代建筑则专指在 20 世纪 20 年代形成的现代主义建筑。与其他建筑类别一样，火车站建筑在其发展历程中也经历了各种不同建筑流派的影响，并形成了一种新的建筑型制。

4.4.1　世界铁路客站建筑风格的演变

铁路运输诞生于 19 世纪的英国工业革命时期，180 余年来，铁路客站的建筑风格一直在不断演化。

1. 古典风格及其演变

19 世纪 30 至 50 年代是铁道运输系统的功能初创期和构件逐步标准化的时期,直到 19 世纪 50 年代后,才逐步把新兴工业技术与车站建筑风格联系起来。

早期的火车站作为公共建筑中全新的建筑类型,风格差异很大,建筑师以个人的不同理解处理功能与形式的关系,出现了纯粹学院派的建筑风格。如 1840 年由威廉·帕森设计的莱斯特城坎贝尔街火车站,其造型是一座帕拉迪奥式别墅,包括塔司干柱廊,整栋建筑没有一点表示它的铁路客站功能的痕迹。但是,完全采用古典形式的铁路客站设计很快暴露出了问题:建设费用很高,且造型体现不出铁路作为工业革命神话的特征。

铁路展示了一个新的旅行年代,铁路客站为人们的流动提供了一个节点地带。大型铁路客站是工业社会的缩影,是一个社会所有阶层聚集的公共场所,因此在 19 世纪末很多人把火车站看作是工业革命时代的现代教堂,而此时火车站的巨型拱顶、凸凹空间和彩色灯饰等都是大型宗教建筑的特征。

1) 哥特风格时期

早期铁路客站建筑风格多姿多彩,其中哥特式建筑凭借自身的特点在 1870 年以前曾被广泛应用。哥特风格在当时人们心目中有着熟悉而无可替代的地位,这也正符合铁路公司和市政当局希望人们接受铁路这种工业化新生事物的初衷。1868 年建成的伦敦圣潘克拉斯火车站,采用了典雅的维多利亚式建筑风格,是伦敦康登区最重要的地标,也是英国最宝贵的遗产之一(见图 4-23)。

图 4-23　伦敦圣潘克拉斯火车站

2) 新古典主义风格

19 世纪 60 至 70 年代,新古典主义风格开始在车站建筑中盛行。这是因为铁路逐步进入了扩张的时代,铁路公司为了展示野心,铁路客站采用了一种壮丽的、夸张的、与巨大体量相称的新古典主义手法,使车站成为时代的纪念碑。当然,古典建筑语言的使用不仅是由于美学的原因,大型铁路客站正是一个所有阶层密集聚集的公共场所,空间的特征也正好与这种形式相吻合。其中最为著名的是伦敦的尤斯敦火车终点站和希多夫设计的巴黎诺尔火车站(1857—1866 年,见

图 4-24　巴黎诺尔火车站

图 4-24)。尤斯敦火车站在 1849 年 5 月正式对外开放，设计重点是新古典主义的大厅，直接参照著名的古罗马帝国的建筑，创造出极为壮丽的建筑形象。华丽的古典主义元素正与当时火车站这种最新的、最英雄式的建筑类型的要求相符，体现出铁路经济的雄心。大尺度的柱廊由 20 英尺(约 6.1 m)高的爱奥尼柱式构成。内部空间的比例与巴西利卡和古罗马浴室相似，双向楼梯、复杂的具有漩涡的灯具，高大的雕塑和浮雕装饰与大厅的宏大空间十分谐调。尤斯敦火车站在追求精确的古典比例与宏大空间的同时，运用最新技术给乘客提供了更舒适的候车场所。

3) 折中主义风格

20 世纪初，铁路网不断增长，列车速度越来越快，铁路被誉为工业革命的血液，新的火车时代已经来临。铁路公司对于现代化、个性化、功能性的要求日益增强，大型铁路客站开始更多地反映建筑师的设计观点。设计上宣扬个性、原创性，摆脱原有建筑形式的束缚的趋势在第一次世界大战前达到了一个高潮。虽然反映站台形式、象征入口的大型玻璃拱顶仍在广泛使用，但采用了更新的建筑语言进行诠释，与建筑行业的大趋势相同的新艺术形式出现在欧美建筑师的作品中，一些地方性的、民族性的符号也折中地出现在各大铁路客站中。

4) 学院派风格(新建筑运动)

19 世纪 70 年代到 20 世纪 30 年代是铁路的兴盛期。学院派风格来源于 19 世纪后半叶的巴黎美术学院，致力于将技术的进步与古典建筑及文艺复兴时期的建筑风格相结合。在实践中学院派风格的设计理念往往受到质疑，却颇受铁路公司的喜爱。因为超大尺度的建筑体量，对于铁路客站建筑无疑是比较适用的，学院派风格所强调的庄严和纪念性对铁路公司有着很强的吸引力。1893 年芝加哥国际博览会后，学院派风格开始在 19 世纪末、20 世纪初最有影响力的铁路客站建筑中得以应用并延续了 10 年左右。英国和德国并不认同学院派风格，但在法国和北美，学院派风格被广泛应用于铁路客站设计中，其中最有影响力的是法国的巴黎奥尔塞终点站和纽约宾西法尼亚车站。

巴黎奥尔塞终点站在铁路运输的历史上非常重要，其结构设计与电气设计被认为是铁路史中具有决定性意义的事件，为铁轨进入地下提供了安全保障，建立了现代铁路交通枢纽立体交通的基础(见图 4-25)。

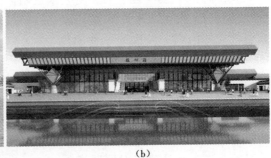

(a)　　　　　　　　　　　　　　　　(b)

图 4-25　奥尔塞终点站

(a)奥尔塞终点站外景；(b)原奥尔塞终点站内景

　　奥尔塞终点站的成功很快成为纽约宾西法尼亚车站和纽约中央火车站的范例。纽约中央火车站同样用电力来解决列车通过隧道的问题。车站的最大特点是交通组织的便捷,站台设置于地下,采用了通过竖向通道联系不同标高层面的方式来组织人流。这应该是火车站"立体叠合空间组合模式"的先驱。因此,车站被分为显露结构的行车区和古典主义风格的旅客服务区两个部分(见图4-26)。

(a) (b)

图4-26　纽约中央火车站

(a) 纽约中央火车站星空穹顶;(b) 纽约中央火车站外景

5) 表现主义风格

　　20世纪初是建筑思想多元化的开始,人们已经更多地注重旅客的舒适性和方便性,设计更加人性化,当车站风格复杂、折中时,车站规划也渐趋合理。

　　19世纪以来,大型铁路客站常被看作是国家的荣誉、民族的骄傲以及一个城市的门户。即使在小型城镇,一个令人印象深刻的车站往往会作为城市美好的标志。车站设计更多地注重功能性与技术性,造型设计更多的是对古典元素及比例进行简化提炼,设计上的创新成为设计者的主要追求,车站建筑不仅是铁路工业技术的展示,更是国家在全世界政治地位的象征。

　　表现主义风格的车站建筑最早在芬兰出现。沙里宁设计的芬兰赫尔辛基火车站经过多次的方案变更,终于在1914年建成。该建筑设计没有使用古典建筑语汇,而是突出民族特征,形成与功能主义和新艺术运动截然不同的建筑风格。火车站布局为不对称的塔楼,屋顶为多变拱形,这是从古希腊神庙的山墙中汲取的一种表现手法。建筑的细部没有古典装饰的构件,直白而精炼的风格与外部的砖石结构相辅相成。在造型上采用了简洁的竖向线条、简洁的拱窗、简洁而巨大的拱肋承重混凝土拱顶、拱形入口和超尺度的雕塑。这一车站建筑对同时期及以后的建筑设计产生了重大的影响(见图4-27)。

图4-27　赫尔辛基火车站

2. 现代主义风格

1) 功能主义风格

现代主义建筑萌芽于19世纪末20世纪初，早期主要应用于工业或商业建筑。这一时期经济萧条，火车站建筑开始淘汰过去的设计理念，代之以简单的比例和条形玻璃，完全摒弃了古典的细节和惯用手法，而转向全新的现代风格。

现代主义车站建筑中，影响较大的是阿姆斯特丹车站，它完全没有传统铁路客站的特征和符号，玻璃盒子主体建筑集散人流；辅助用房狭长低矮，建筑采用红砖墙面，花岗岩基座，空白处没有任何装饰和雕塑（见图4-28）。

（a）　　　　　　　　　　　　　　（b）

图4-28　阿姆斯特丹车站

（a）阿姆斯特丹车站鸟瞰；（b）阿姆斯特丹车站站场

2) 铁路的复兴——高技派风格

20世纪中期以后，随着航空业和高速公路的发展，铁路交通业进入了低谷，有些火车站甚至被拆除。但随着能源危机和城市交通问题的出现和积累，各国政府再次认识到铁路系统在长途或短途运输中的重要性：既可确保较高的效率，又能节约能源、降低成本。

国外铁路交通从20世纪80年代开始复兴，大型铁路客站再次被关注。在最近的20年中，铁路客站深入城市内部，并向空间发展，同时综合换乘功能日益增强，空间组织日益人性化，设计既独特又富有吸引力。国外当代大型铁路客站建筑多以高技派为主，包括交通组织的高科技、结构工程的高科技、信号工程的高科技、信息工程的高科技等，车站的功能更复杂，建筑体量更宏大。再次印证了功能主义建筑师沙利文提出的"形式服从功能"的理念。

图4-29　伦敦滑铁卢站鸟瞰

世界上综合性铁路交通枢纽中较具代表性的有伦敦滑铁卢火车站、法国里昂站、香港九龙车站和德国柏林站等（见图4-29、图4-30）。

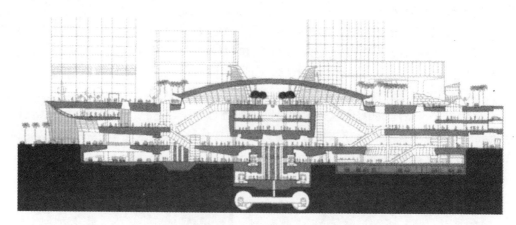

图 4-30　香港九龙站剖面

4.4.2　我国铁路客站建筑风格的演变

1.19 世纪初铁路客站建筑

从 19 世纪末到 20 世纪 20 年代,我国的火车站多为国外建筑师设计,以沿袭和照搬欧美模式为主要特征。车站规模较小、内部功能简单,造型大多具有西方古典主义风格。坡顶、钟楼和拱券是那时的主要构图元素。辛亥革命后,到 20 世纪三四十年代国民政府时期,中国建筑师逐渐开始参与或主导设计,出现了中西合璧甚至完全模仿中国古代建筑式样的车站。

武汉大智门火车站建于 1903 年,原为芦汉铁路(北京芦沟桥至汉口,后称京汉铁路)南端终点站的主体建筑,法国工程师将其设计成具有法国风格的四堡式建筑。虽然历经百年沧桑,它依然是京汉铁路线上不朽的建筑作品(见图 4-31)。

北京正阳门东火车站,1906 年建成,是中国近代铁路早期建筑的代表作品,它是中国铁路近代化过程的见证。正阳门东车站和正阳门西车站的建成使正阳门地区成为北京内外交通的主要门户,也促进了商业的发展和街市的繁荣(见图 4-32)。建筑设计由

图 4-31　大智门站

图 4-32　正阳门东火车站

英国人主持,造型为欧式风格,但也体现出某些中国传统元素。墙面砌筑运用老北京清水石墙的建筑工艺,站房大楼外立面由灰、红两色砖砌成,其中夹白色石条,正中巨大拱顶隆起,拱脚处镶嵌云龙砖刻雕饰,南侧穹顶钟楼耸立,四面大钟表达出铁路建筑的特征,是具有北京时代特色的西风东渐的艺术作品。

2. 1949 年到 1980 年铁路客站建筑

1949 年到 1980 年,这是一个特殊的年代,国家百废待兴,在经历了 10 年浩劫后,文化、经济已达崩溃的边缘。在新站站房建筑中以韶山站、太原站、长沙站、塘沽站等较具代表性。在这些站房建筑的设计中旅客流线的组织受到了重视,基本功能比较齐全,造型简洁、明朗、庄重,注意了与城市及周边环境的结合。而在艺术创作上,受"极左"思潮影响,不少车站建筑在设计中遵守"政治挂帅"的理念,在造型设计中采用了一些带有政治色彩的符号,在建筑檐口或立面上安置大型的领袖像和标语口号,给建筑打上了时代的烙印。

这一时期站房建筑的代表是北京站(见图 4-33)。北京站建成于 1959 年,中央大厅采用了 35 m×35 m 预应力双曲薄壳结构。造型上遵循均衡、比例与尺度等形式美学规律,并运用了民族文化符号,应属于加入了中国元素的折中主义建筑。

在北京站建成前,建筑师们曾经对此反复讨论:总站还是一系列中的主站之一? 站场是尽端式或通过式? 到 1958 年 10 月论定:为环京系列站

图 4-33　北京站

中主站之一,以免规模过大,一次到位空置面积过多,占地而待增建的过多,而且城市交通集中量大途远,尤其不利国防。车场规划为通过式,轨道从崇文门转入地下,贯通莲花池(今北京西站),暂为尽端式,而站房为线侧式。站房设计有先后近 20 个方案比较,问题焦点是通过式或候乘式? 经深入全面的调查研究,最后确定以多功能广厅紧连直通的高架通过厅为主,候车厅为辅。站方要求管理方便,将广厅两侧售票窗口及行包托运处移出而紧邻广厅左右。在纵轴线上高架通过大厅兼暂候跨线厅,两翼候车厅端角另设二跨线桥以免候车厅形成袋型反复迂回流线。站前广场力求公交近抵凹形广场两端部位,中凹为社会车泊场也邻近站楼主入口。

3. 20 世纪末铁路客站建筑

1980 年以后,国家的工作重点转移到以经济建设为中心,铁路建设在经历了初期的彷徨和等待后终于进入了新的发展时期。建筑设计的思想和手法也随着思想解放和改革开放的推进而空前活跃,僵化、封闭的格局被生动活泼的多元化创作思路代替。积极吸收外来设计思潮并与中国传统文化相结合,广泛采用新技术、新材料、新结构成为建

筑师们的共识,形成了欣欣向荣的创作局面。

这一时期大型、特大型客站站房的设计特点如下:注重总体布局,将车场、站房和站前广场三者作为一个整体综合考虑,并与周边城市道路密切配合;充分利用车场上部空间设置高架跨线候车室,既缩短了旅客进站流程,又大大节约了线侧用地,还可以适应城市发展布局;开始采用站房综合楼的形式,使车站房屋构成除原先的基本内容外,还引入了购物、餐饮、娱乐休闲、住宿等内容。这一时期建设的站房称为新中国第二代铁路站房。

4. 21世纪铁路客站建筑

铁路交通从20世纪90年代起再次承担起经济腾飞发动机的责任,20世纪末的铁路客站向综合性交通枢纽发展,成为集交通换乘、商业及大型人流集散的综合体建筑。新型铁路客站与传统车站最大的不同是引入了全新的交通理念——综合立体交通。铁路交通、道路交通、城市轨道交通、城市公共交通甚至与航空交通的紧密衔接和综合立体换乘,为铁路的发展提供了生命力。

新世纪的铁路建设进入了跨越式发展时期,铁路站房建设也迎来了一个新的高潮。我国铁路主管部门提出了新时期铁路客站建设必须坚持以人为本,综合考虑功能性、系统性、先进性、文化性、经济性的"五性"指导原则,设计人员经过反复探讨和实践,逐步形成了新的站房建筑设计理念和风格特征。

4.4.3 我国铁路客站建筑引入"现代"风格

本节主要介绍当代我国铁路客站建筑采用现代建筑形式和现代建筑风格的情况。

1. 引入现代建筑风格的必然性

当代铁路客站建筑采用现代建筑风格是必然的。

首先,这是由铁路客站建筑的性格特征决定的(详见4.3.1节);其次,从历史上看,铁路建筑从来都是主流审美取向和结构、材料及信息技术等方面最新成果的载体与实践者;最后,我们应该认识到,现代建筑风格与表达和传承中国传统文化的要求,并不是天然的对立关系。正是由于对最新功能的要求、对民族文化特征展现的期盼和对美的追求,才对建筑作品的创作提出了更高的要求,也为建筑师们提供了更为广阔的创作空间。

2. 我国新建大型铁路客站的创作类型

1) 现代主义风格

现代主义风格的出现已近百年,"功能决定形式"是其核心思想,在当今多元化的国际建筑思想体系中,依然是主流思想之一。铁路客站建筑强烈的功能性要求,似乎与现代主义建筑思想不谋而合。

新广州站,规模宏大而具有简洁、干练的现代气息。建筑造型没有强调任何传统元素,在功能上充分考虑流线组织和地域气候条件;芭蕉叶形状的屋盖单元层层错叠,轻盈通透,流畅的曲线充分反映出新时期铁路客站以人为本、便捷交通的建筑理念(见图

4-20)。

新郑州站,形体塑造借用青铜器"鼎"的形象,但并没有过多地引申文化符号,而是运用现代建筑语言——倾斜的巨型棱边表达出强大的体量感,展现了现代主义建筑强烈的几何韵律(见图4-34)。它是现代主义的,无疑也是中国式的。

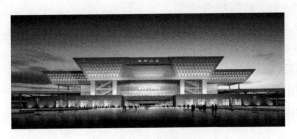

图 4-34 新郑州站

北京南站,其造型设计既出于对建筑基地的充分利用,又源于我国重要文化遗产——天坛。设计中吸取、借鉴了祈年殿的建筑元素,充分表达了特有的地域文化内涵。工程上合理运用现代结构技术和建造手段,最终创作出既庄严古典,又具有时代气息的客站建筑。

北京南站建筑造型构思的形体演化过程如图4-35所示。这一实例可说是高技派建筑风格融合中国文化内涵的大胆尝试。

2) 传统文化与现代建筑

在中国传统文化积淀最为深厚、地域文化特色最为鲜明的一些地区,直接将中国传统文化元素应用于铁路客站建筑,使作为"城市门户"的铁路客站建筑宣示出地域文化特征,这也是一种较为普遍的创作手法。西安北站、南京南站、新苏州站、敦煌站等新建铁路客站均属这一设计类型。

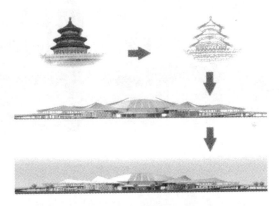

图 4-35 北京南站造型构思

敦煌站,其造型设计萃取了当地历史建筑型制中的精华,塑造出开朗、庄重,并且喻意深刻的建筑作品(见图4-21)。

在苏州新站,传统文化符号萃取得更为凝炼,并运用青瓦、白墙、拱门、木构等江南园林语言为车站空间营造出类似传统场所的韵味(见图4-36)。

西安北站是我国西北地区最大的铁路客站。其建筑风格有鲜明的唐风汉韵,立面取意于唐代大明宫含元殿(见图4-37),站房的大屋顶与高架层也借鉴了含元殿出檐深远的屋顶。新建筑的屋顶宽广而不失轻盈,整体空间造型有如巍峨的城关,屹立在古朴

（a） （b）

图 4-36 苏州站

（a）苏州站立面；（b）苏州站集散厅

的西北大地上。同时舒展优美的弧线屋脊，在邻脊间形成梭形天窗，既可自然采光，又可优化屋面结构受力状态，可称是现代结构技术与中国建筑艺术成功结合的典型实例（见图 4-37、图 4-38）。

图 4-37 含元殿复原图 **图 4-38 西安北站鸟瞰**

5 铁路客站设计实例

5.1 国内铁路客站作品选析

5.1.1 北京南站

1. 基地条件

北京南站位于南二环以南,南三环西路以北,原永定门火车站旧址西侧。基地呈椭圆形,长轴与地球子午线夹角 42°。周边有永定门长途汽车站、陶然亭公园、南护城河、永定门桥。

周边路网:站前街、永定门车站路、马家堡路北段、凉水河南侧路、四路通路、万芳亭公园东侧路、开阳路等。通过立交桥,北面可连接南二环的开阳桥、陶然桥,南面可连接南三环的万芳桥、洋桥,如图 5-1 所示。

2. 设计概念与指标

设计最高聚集人数 10 500 人,站房在目标年 2030 年日发送量将达到28.7 万人次。

站型设计以"通过式"和"零换乘"为目标,但考虑到我国特有的季节性高峰和"春运潮"等高峰客流量,也应安排一定容量的候车空间;形成以铁路客站为中心的大型综合交通枢纽,与城市道

图 5-1 北京南站总平面图

路高效、顺畅衔接,达到各种交通工具在交通枢纽中的合理整合,使旅客的使用更加便捷;北京南站的建筑形态与城市规划紧密结合,解决了北京市方格网状的城市布局与铁路站场基地纵轴斜向的矛盾,为北京南站地区带来全新的城市景观,并带动周边地区经济、社会的发展。

3. 总平面布局

北京南站深入市区,地处北京南城核心部位。减少占用城市土地,节约社会资源是总体平面布局设计的关键。

采用椭圆形平面形态,既可以消除铁路车场与北京市城市布局的矛盾,弱化大体量站房与周围环境的冲突,使站房柔和地融入到城市地块中,同时通过整体造型的把握及细节的刻画使站房各方向均呈现良好和相似的视觉感受。此外,采用椭圆形的平面形态还可以使车站在城市各个方向均具有良好的衔接界面。

综合交通枢纽要求旅客在站内的乘降或换乘流线应达到最短,还要节省土地占用量,因此,采用"立体叠合"的综合式立体布局模式成为当然的选择。

4. 内部功能布局

实现各种交通方式的"零距离"换乘,是本案内部功能布局设计的核心。

如何让每天数十万的客流在车站内轻松流转,是站房内部功能流线设计的重点之一。北京南站竖向分为地上两层、地下三层。地上部分分别为高架层和地面层,地下一层为换乘大厅和双层汽车库,地下二层为北京地铁 4 号线站台层,地下三层为地铁 14 号线站台层。

高架层(相对标高 9.000 m)为铁路旅客进站层,中央为候车空间,分为普速候车区、高速候车区和城际候车区。东西两侧是与高架环道相连的进站大厅。在椭圆形的四角设置综合服务空间楼,主要功能是配合旅客进站流线设置售票、商业、餐饮等旅客服务设施。

地面层(相对标高±0.000 m)为站台层,中央为线路及站台,其南、北侧为公交车旅客直接进站厅。在椭圆形中央站房外的四个角部布置有相对独立的综合楼,主要为车站办公和各机电专业设备用房及地铁车站的风井。

地下一层(相对标高−11.750 m)分为中央换乘大厅和两侧汽车库及设备用房。国铁与地铁换乘及两条地铁共用的站厅布置在换乘大厅的中央部位,为使自地铁到达车站的旅客能够快速进站,在东侧设置了快速进站厅。中央换乘大厅南、北端在同一标高同市政公交车场相连。

地下二、三层分别为北京地铁 4 号线和 14 号线的站台层,4 号线与 14 号线之间设有楼梯,可以直接台对台换乘。详情如图 5-2 所示。

5. 旅客流线设计

营造"通过式"的旅客乘车模式是本案流线设计的核心。因此,北京南站采用了上进下出、下进下出,通过式与等候式相结合的旅客流线设计。

乘出租汽车和小汽车到达北京南站的旅客可以通过高架环形桥至高架层落客平台,下车后直接进入高架大厅;乘公交车的旅客可以从站房地面层南北入口处的公交车落客平台下车进入站房,乘扶梯到达高架大厅;来自地铁和地下汽车库的旅客可以通过地下一层的快速进站厅直接进站,需要候车的旅客可以通过南北两侧进站集散厅的电扶梯至高架候车厅。

出站大厅设置在地下一层,旅客从站台下至地下一层,换乘地铁的旅客可以直接进入大厅中央的地铁付费区;换乘公交车的旅客可以自南北两端的地下公交车场出站;换乘出租汽车的旅客可以到地下一层两侧汽车库的出租汽车载客区乘车出站;换乘私家

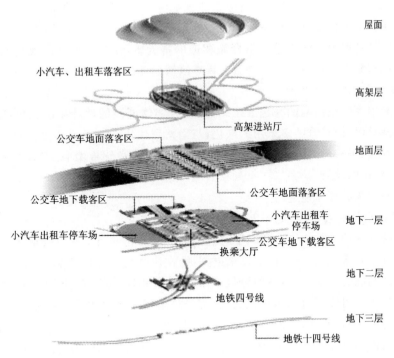

图 5-2　北京南站分层交通示意图

车的旅客则可直接到地下汽车库出站。

6.室内空间设计

北京南站的室内空间设计始终以把握连贯性、流畅性为原则,使各种室内空间与区域形成视觉连通,从而使空间产生层次感和连通感。

1)高架候车厅的空间设计

9 m 高架候车厅为高大通透的椭圆形空间,在其南北方向中轴线上设置中央玻璃采光带,使室内空间获得大量的自然光。整个空间给人感觉通透、明朗,充分体现现代交通建筑简洁、开敞的特点。顶棚主要以白色调为主,以产生反射光,通过长条形铝板、金属圆管、格栅等不同材料的运用对空间进行细节刻画,丰富视觉感受。通过调整屋面、雨棚采光带等手段及幕墙采光遮阳设计创建舒适的光环境,在满足空间照度的同时满足旅客的视觉及心理需求,还可节约一定的照明电能。

2)北侧进站厅的空间设计

南、北侧地面进站厅为贯通站房地上、地下的垂直交通空间,是乘公交车旅客主要的进站空间,为了让地下和地面层的旅客都能感受到站房的高大通透,结合扶梯的设置在北侧进站厅设置了共享空间,方便旅客了解站房各层面及寻找进站方向的信息。

3)售票及商业功能的设置

面对巨大面积的站房,单纯把售票处集中在某一处设置会造成旅客走行路线过长,并可能与站内其他流线形成交叉,因此北京南站售票功能的设置是结合旅客进出站流线,在高架进站层及地下一层共设置 8 处人工售票点及 76 处自动售票机,从站房各个层面来的旅客都可以非常方便快捷地购买到车票。

北京南站的商业功能主要是结合旅客进出站流线,在高架进站厅及地下一层换乘大厅设置相对集中的商业空间。同时在候车区域设置咖啡座、茶座等。

4) 地下出站空间的设计

地下换乘大厅东西两侧为地下出站厅,结合实体墙面的设计采用红色墙面予以强化,红色是中国传统建筑中多采用的颜色,与南站现代化车站的定位相吻合。地下出站厅一侧为红墙,另一侧为商业、售票等用房,设计采用白色铝板墙面、玻璃隔断塑造互相呼应、虚实对比的效果。

7. 站房建筑的形体塑造

1) 站房空间形态设计

车站造型设计的整体构思起源于对椭圆形基地的充分利用和对天坛建筑形态的引申。天坛采用圆形平面、三重檐的建筑形式,是古代建筑的最高形制。把圆形平面的三重檐运用到椭圆的平面上,最高的屋檐变形成弧形屋盖,与高架进站厅功能对应;车站两翼的雨棚恰好可以通过两重屋檐的变化形成;采用轻巧的悬垂梁结构,实现建筑师追求的原始的重量感;此外,天坛的某些建筑符号也被抽象地运用到车站建筑中来,北广场进站厅两侧的办公建筑,其表面及入口处理充分采用了天坛窗棂的图形。通过这些造型手段,表达了北京南站特有的地域文化内涵(见图 4-35)。

2) 雨棚空间的设计

外部造型层层跌落的特点为雨棚内部空间的塑造创造了良好条件,优美舒缓的双曲屋面,轻巧挺拔的 A 形结构立柱——结构设计的细致精巧为建筑添色不少。在站台上方设置的白色吊顶好像一帘帘悬吊着的帷布,使空间感觉更加流畅,屋面设置采光窗,使站台获得大量自然光。旅客在站台上会因为空间的生动丰富而不感到乏味,同时可以缓解进出站时的紧张感。

8. 完善的标识引导系统和客运服务系统

北京南站贯彻"以人为本,以流为主"的设计理念,对标识引导系统的设计给予了特别的重视,以尽力保证旅客在车站内不走弯路,快速到达目的地。先进的旅客服务信息系统为旅客进站、候车、乘车、换乘、出站等各环节提供文字、图像、音频等全方位的信息服务。重视标识引导系统的运用,也是当代世界范围内公共建筑设计的共同趋势。

旅客在北京南站中还可以享受到完善的客运服务系统,包括票务系统、旅客服务系统及标识导向系统。北京南站采用磁质纸票,售票方式采用人工及自助式售票相结合模式,进出站检票以自动检票为主。

9. 节能技术的应用

为了节约能源和保护环境,做到可持续发展,北京南站设计根据对项目具体情况的分析研究,确定了市政电网、热电冷三联供污水源热泵及太阳能发电系统相结合的能源供应方式,实现了对能源的高效梯级利用和可再生能源的利用。

10. 简评

北京南站的建筑设计没有刻意追求体量巨大的标志性或"城市门户"形象,因此既不是"形象工程",也不是"面子工程",而是实实在在的"功能建筑"。

在设计中,建筑师们本着"功能性、系统性、先进性、文化性、经济性"的"五性"原则,紧紧把握"以人为本,以流为主"的核心理念,在场地设计、平面总体布局、功能分区、流线设计、空间组合模式、新型建筑结构与材料的运用、建筑形体塑造以及地域文化传承和表达等方面都进行了大胆而有益的尝试,取得了较为良好的效果。

北京南站作为新时期站房设计、建设的先行者,在设计理念、设计方法等方面也进行了有益的尝试。当代各种运输方式在交通枢纽中的集成和整合已成为必然趋势,铁路站房不再孤立地被视作铁路线上的一个点,而是同城市功能紧密结合、有机生长在城市肌理之中,给城市带来新的活力。

5.1.2　苏州站

1. 基地条件

新苏州站位于苏州城新、老区交界的原站房位置,南临古护城河风景带,北接平江新城商业金融中心区。近期为南北并重、共同承担旅客进出站功能;远期将逐渐形成北主南辅的局面。

周边路网:广济路、苏站路、人民路、平四路。

火车站南广场的公交车由北环辅路进出,在广场西侧设置首末站;社会车、出租汽车落客区和贵宾车位于广场东侧;地下出站厅两侧的停车场与北环辅路共用出入口。

地铁2号线和4号线从站下通过。

2. 设计概念与指标

设计最高聚集人数为3000人。

新苏州站站房设计充分体现"以人为本,以流为主"的理念及"五性"原则。采用上进下出,通过式与等候式站房相结合的高架站房。将成为连接苏州古城与新区的"桥梁"。大空间现代化交通建筑延续城市建筑格局和文化传承,创造"苏而新"的精品建筑。体现生态、绿色、环保、节能和可持续发展的理念。

3. 总平面布局

苏州火车站的主站房按铁路设计的要求对称布置在站台中心上。

火车站北广场公交车场集中设置在广场东侧地面,大型社会车、长途车和旅游车在广场西侧进出。社会车和出租汽车由高架车道驶入高架平台落客,停车场和出站厅布置在广场地下层。南北站房贵宾车经贵宾专用通道进入基本站台或贵宾候车室(见图5-3)。

4. 景观设计

广场景观从南北广场延伸至建筑中,景墙、休息廊、水池、竹林疏落有致地布置在中轴线两侧,具有浓郁地方特色的家具、灯具、小品点缀其中,为旅客营造出优雅的休憩空

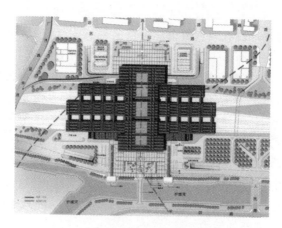

图 5-3　苏州站平面图

间;用连廊整合了地下空间通向地面出口棚架,形成广场尺度宜人的序列空间;南广场南侧架设一座通向古城临河商业街的景观桥(尚未实施),把站房、广场和护城河风景带连成整体,不仅改变了传统车站商业模式,同时也提升了其商业价值;沿南广场河边设置游船码头,为旅客提供了轻松便捷的水上交通方式。

5. 内部功能布局

1) 地下出站通道层(相对标高-6.75 m)

结合商业服务用房布置在站房中心线上,将南北广场的下沉空间连通;通廊左右两侧,另有两条出站通道连接出站厅,其中一条在淡季可作为快速进站通道;中央地下通廊还设有通向下层地铁的出入口,方便地铁和铁路旅客的换乘;两翼另有连通南北地下停车场的通道。

2) 站台层(相对标高±0.00 m)

设 7 座站台,其中 1~4 站台为普速列车停靠站台,5~7 站台为城际列车站台。

北站房集散厅的室内空间高达三层,南站房集散厅结合广场设计成面向古城开放的半室外空间[见图 4-36(b)]。基本站台候车室和售票厅、贵宾候车室、行包房及其他车站管理用房通过庭院秩序井然的连成整体。

3) 高架层(相对标高+8.25 m)

内部空间高达 15 m 的候车大厅将南、北站房连成了整体。普速、城际旅客候车区空间共享,小桥流水的室内景观、苏味十足的小体量商业服务用房则根据需要分隔出中央通道、等候式候车区和通过式候车区,并分别设置检票系统。

4) 地铁层(相对标高-11.75 m)

地下二层是地铁 2 号线站台层和 4 号线的站厅层,有 6 个出口连接中央通廊和南北站房。地下三层是地铁 4 号线的站台层和设备及管理用房。

苏州站内部功能布局参见图 5-4。

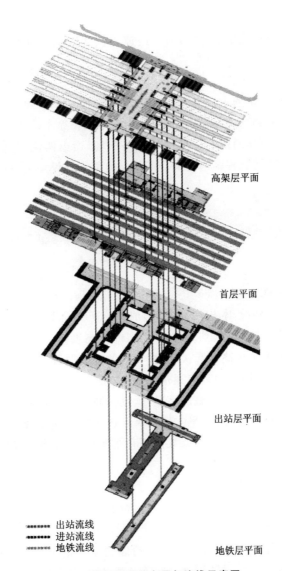

高架层平面

首层平面

出站层平面

━━━━━ 出站流线
━●━●━● 进站流线
━━━━━ 地铁流线

地铁层平面

图 5-4 苏州站分层布局与流线示意图

6. 旅客流线设计

1) 进站旅客流线

步行和乘公交车或小轿车的旅客经南广场进入高架候车区；自北站房乘轿车的旅客可直达高架平台进入候车区进站；地铁旅客乘扶梯上至高架平台；贵宾辟有专用通道。

首层共设 7 座站台分别供城际和普速列车停靠。北站房进站广厅两层通高，首层布置基本站台候车、售票厅和贵宾候车室等。南站房进站广厅结合广场设计成半室外开放空间。候车室、售票厅、贵宾室、行包房等结合庭院分列两侧，秩序井然。

车站内部高达 15 m 的高架候车大厅把南、北站房连为一体;普速、城际旅客候车区实现空间共享,室内小桥流水、环境宜人。通道、商业服务、辅助用房分隔出不同功能的候车区。

2) 出站旅客流线

出站旅客经地下出站通道可到达出租汽车载客区和地下停车场,或下至地铁站厅换乘地铁,也可经扶梯到达地面换乘公交车、旅游车和长途车。

地下一层中央通道连通南北广场和地下停车场,通道两侧设有出站通道和地铁出入口,方便地铁旅客和铁路旅客的换乘。苏州站内部流线设计可参见图 5-4、图 5-5。

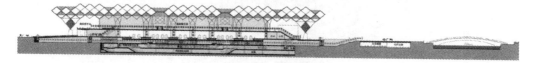

图 5-5 苏州站剖面流线示意图

7. 站房建筑的形体塑造

萃取出菱形体空间为基本构图元素,形成富有苏州地方特色的屋顶——菱形空间网架体系。菱形屋面与结构浑然一体,形式与内容高度统一,同时解决了大跨度的问题。大体量的屋顶被分解成高低起伏、纵横交错的屋面肌理和大小各异的采光天井,既有效地解决了候车大厅、站台的采光通风问题,又把大空间、大体量现代化交通建筑通过化整为零的手法融入了古城的城市尺度,延续古城的城市肌理。

南站房入口处屋面出檐深远,半室外的南入口集散空间结合广场、绿地、园林,把建筑和自然环境融合在一起。站房外墙采用栗色的网格金属幕墙,呼应苏州民居中"窗"的建筑意象。

候车大厅两侧的裙房根据车站的功能需要组织了不同尺度、用于通风采光的内庭院,小桥流水,绿竹葱茏,营造出具有苏州特色的闹中取静的典雅空间氛围。

1) 站房空间形态设计

整体连续的菱形屋顶与结构浑然一体,粉墙袅袅伸进了深灰色屋面的端头。覆盖着现代化交通建筑的大空间,层层叠叠、纵横交错,延续着古城的肌理[见图 4-36(a)]。

与古城隔河相望的南广场上,两组镶嵌着巨型灯笼的圆柱撑起大跨度的现代化棚架,栗色的结构杆件呼应着粉墙黛瓦。斜坡顶、灯笼柱映衬在粉墙上,在吴韵天空下讲述着水巷船家的生活。

近人尺度的粉墙将站房各部分空间连成了整体,或藏或露、或深或浅、浓浓淡淡、飘飘袅袅,将现代化车站的宏伟壮观融入千年古韵中[见图 4-36(b)]。

2) 雨棚空间的设计

站台雨棚在铁路线上空的通透设计给旅客带来了阳光和清风,站台棚架系统也为太阳能的利用提供了基础。随着更多洁净能源的使用。环保和艺术的结合使得这座全新的交通枢纽成为一个绿色的环保中心。

8. 室内空间设计

1）高架候车厅的空间设计

候车大厅开敞明亮,白色菱形天花镶嵌着栗色的结构杆件,刚性的几何形式与通透的木构架相互穿插,开合之间形成丰富的界面表情,同时避免了阳光直射。粉墙黛瓦,栗色花窗格栅,深灰色的踢脚和窗框,共同构成室内墙面肌理。局部墙面嵌入式壁灯,更点亮十足的苏式韵味,营造出近人尺度细节的精美。

VIP候车室的空间布局端正,再现了传统宅邸中的空间层次,由错落有致的影壁、院落、非对称性均衡的园林景观及水体等构成,体现苏州小尺度建筑的柔性。

广厅两侧的公用卫生间,用竹和格栅与等候区分隔,既通透又有所分隔,巧妙利用小处空间造景,疏密有致,光影婆娑。

2）北侧进站厅的空间设计

北站房一侧,随着新城的高桥飞架,凸显出现代建筑的品位。

9. 简评

在苏州站的改造设计中,充分重视了场地设计和人文景观设计;功能布局明晰、合理;流线设计明确、简捷;体现了"以人为本,以流为主"的理念。

新苏州火车站的创作充分尊重苏州地域文化传统与形态,做到与城市环境、社会环境相协调,从当地的人文环境、文化环境入手,试图探索创作出"苏而新"的建筑风格。其建筑空间形体的塑造和建筑形式的设计使人们更加关注对建筑的地域性文化特征和设计方法的研究。

5.1.3　三亚站

1. 基地条件

新建的海南东环铁路三亚站位于三亚鸭仔塘国家粮库南侧,距三亚市中心约4.7 km,距三亚凤凰国际机场约6 km。北侧有群山形成背景,南侧正对三亚市中心高层建筑群景观。三亚市地处热带,海洋性气候。自然地域特点是:具有珍贵的自然生态环境、空气质量优良、常年潮湿多雨、太阳高度角高、日照强度大、多台风等。

2. 设计概念

三亚站的设计概念源于三亚市的两个最重要的城市特性:宜人的热带城市与全世界旅游者的目的地,三亚市优越的地理位置和珍贵的自然生态环境是其最具吸引力的地域特色。在表达建筑与环境的关系上,建筑师们选择了融入和保护的态度,在充分利用自然生态资源的同时尽可能减少对环境的影响,避免破坏。

三亚站的主要客流是来海南岛观光度假的国内外游客。因此要为游客设计一个轻松、开放、富有三亚特色的火车站,让游客们可以从这里就融入到三亚独特的气氛中,或者是给即将结束的旅程画上完美的句点。由此形成了三亚站的设计概念:这是一个生长在自然环境中的火车站,它拥有可以遮阳避雨的屋顶,屋顶下有自然流动的空气,车站空间与周围环境和谐地融为一体。

3. 室内功能布局

内部空间应首先满足交通功能的要求，进出站大厅和售票厅等重要空间通过提升高度和对称布置等手法加以标示并强调其重要性，便于旅客轻松、自然地找到位置及方向。

所有大厅空间均为双层通高，从而使热空气自然集中并上升至屋面制高点，并通过可开启的电动排风天窗排出建筑，形成顺畅的循环。

4. 旅客流线设计

三亚站为线侧平式站房布局。由高架进站通廊组织进站旅客流线，由地道组织出站旅客流线，并设置标识引导系统（见图3-16）。

5. 室内空间设计

候车厅开敞、明亮，营造出相对安静、舒适的休息与等候空间；轻松感与开放性的氛围从外在形态一直贯穿到室内空间。流畅的曲面屋顶为其下的连续空间带来了轻松与活力，可自由开放的立面幕墙保持了内外部空间的通透性和开放性；纵向屋脊及进站通廊顶部的天窗不仅将折射阳光引入室内空间，增加了空间的采光均匀度和趣味性，而且起到排除热空气和引导气流的作用；材料和色彩的选择上强调三亚的地域特色和视觉舒适度。木色的装饰吊顶和金属本色结构体系的组合在保持建造技术的现代感的同时，展示出令人舒适的地域色彩。浅色的石材地面提供给室内更明亮的散射光环境，并强调了与木色的色彩对比。内部装修的细节设计强调真实的建筑空间塑造，并体现出简洁精致、内外统一的现代风格，如图5-6、图5-7所示。

图5-6　三亚站进站大厅

图5-7　三亚站鸟瞰

6. 站房建筑的形体塑造

三亚站站房轻松、开放的形象首先是由坡屋顶的优美曲线营造的。屋顶轮廓与立面节奏相对应，屋顶的各个制高点对应了主要的公共空间——进站大厅、出站大厅和售票大厅，既富有韵律又有视觉引导作用。屋面在南北方向上有深远的出檐，为整个建筑遮阳避雨。屋檐的出挑长度随立面高低而变化，入口处高度最大，屋檐的出挑也最大，曲线中点处出挑最小，造型轻盈而具有动感（见图5-7）。

三亚火车站在对地域性特点的表述中，舍弃了提取传统形式符号的做法，取而代之的是在现代交通建筑和当地地域环境之间寻找合适的互动策略，使外在的形式表现和内在的交通功能产生逻辑性的关联，并以建筑技术语言诠释现代交通建筑的地域精神。

7. 简评

在三亚站的设计中注重使建筑适应当地气候形态、充分利用自然条件，从而创造出宜人而低能耗的室内环境。

站内旅客流线存在交叉。尤其是在二楼，上楼候车或直接进站的人流与从二楼候车厅前往进站通廊的人流，会在进站通廊入口处形成交叉，易于在旅客流量大的时候形成"袋口"阻塞。建筑造型较好地处理了现代交通建筑与地域文化的关系，令人耳目一新。虽然设计没有采用提取文化符号的手法，但建筑的整体艺术形象仍然令人感受到我国园林建筑与民间交通建筑的神韵(见图 5-8)。

图 5-8 三亚站造型

(a) 苏州沧浪亭；(b) 鄂西土家吊脚楼；(c) 朗德上寨风雨桥；
(d) 程阳永济风雨桥；(e) 三亚站立面

5.1.4 塘沽站改扩建

1. 改扩建背景

塘沽地处天津市远郊，与著名的塘沽新港邻近。自 2006 年批准天津滨海新区作为综合配套改革试点以来，塘沽的经济、社会、文化发展迅猛，国内外旅客较多是该站客流的突出特点。原站概况如下。

该站原设计规模为最高聚集人数 1800 人，建筑面积为 4224 m²。

该站原址位于线路的南侧，西侧有津塘公路穿行，东西南三面有平房宿舍环抱，站前广场用地狭窄且不规则。基于以上客观原因，原客站建筑设计方案采用了圆形候车大厅与庭院相结合的不对称平面布局,以达到与周围环境相适应。广场标高低于站台,线路标高基本与站房标高持平,站房属线侧平式。站内有两条地道跨线,分别对应进、出站客流(见图5-9)。

原站候车厅是国内第一座网状无柱梁结构圆形候车大厅,直径48 m,面积1810 m²。车站总建筑面积4224 m²,分为候车大厅、售票厅、贵宾厅、行李房;附属建筑有母子候车室、客运办公室、锅炉房等。在1986年,塘沽火车站又建了地下通道,贯穿了塘沽站的3个站台与5股线路。进入21世纪,在原圆形候车厅东侧增建一座车站综合服务楼,设计构思巧妙,与原车站在建筑立面上融为一体(见图5-10)。

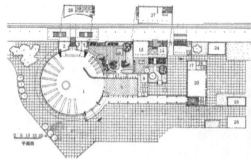

图5-9　原塘沽站平面图(1976)　　　　图5-10　塘沽站南侧外景(2006)

2. 扩建设计概念与指标

面对天津滨海新区的迅速发展,作为京津城际高速铁路进入滨海新区的首站,塘沽火车站在2007年进行了第二次大规模改造。

经调查与计算,本次改扩建设计,以最高聚集人数2000人为依据。目前候车室规模为1810 m²,不足人均面积1.2 m²的规范指标,应扩大候车室面积。经过30余年的发展,塘沽站已经成为深入城市核心区的火车站,以单侧接纳和疏解旅客已显能力不足,且城市北部市民进、出站需绕行。兴建线路北侧子站房既可适度增大候车面积、达到规范要求,又可解决线路北侧市民的进、出站问题,不失为一举多得的方案。当然,兴建北侧子站房不可避免的会增大一些拆迁面积,但也有改善车站北侧城市面貌的效果。

3. 总平面布局

站区房屋总平面设计以铁路站房为中心,结合城市地方的总体规划充分体现城际高速铁路的特点,为旅客提供一个方便、快捷的外部交通转换空间,在满足铁路生产工艺要求的同时,把站区建设成为城市的有机组成部分。

突出站房作为车站主体建筑物的地位,并使站区内的建筑形成统一的整体,将部分生产工艺用房与站房合栋设计为站房综合楼。并入的生产房屋主要包括车站通信用房、车站信息用房、站内变配电所、公安值班室、暖通设备机房、客运办公室等。车站总平面规划如图5-11所示。

4. 景观设计

铁路各类房屋的布置在统一规划的基础上尽可能合栋设计,彻底改变铁路工艺及

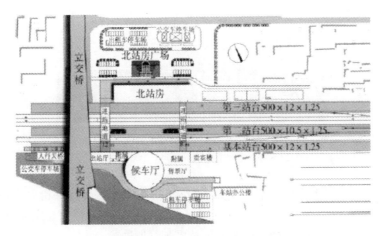

图5-11 塘沽站改扩建总平面图

生活用房稀松零散的旧面貌。铁路区、段、所用地与车站建筑保持一定距离,并且预留适当的发展空间。

车站用地(不含车场用地)由车站建筑用地和旅客专用场地两部分组成,作为车站与城市空间的过渡空间,在满足旅客的室外活动和高峰时期旅客疏散的前提下,做好景观设计。

5.内部功能布局

车站建筑内部为旅客服务及客运组织的功能主要由综合大厅、售票厅、候车厅、旅客服务用房等组成。在设计新建子站房和改建原站房时注重发挥多功能综合厅的作用,提高车站的客流通过性。

(1)多功能综合厅:不同于传统意义上功能单纯的分配广厅或进站大厅,它应具有安检、售票、候车、旅客服务、商业服务等多种功能,可大大提高空间的使用效率。

(2)售票空间:专用售票空间相对减小,改变传统集中式售票大厅售票的模式,采用人工售票、自动售票、公交化售票(车上售票)等多种售票形式,提高售票效率,简化旅客购票程序。各售票点分散设置在综合大厅、绿色通道等旅客通过的空间,方便旅客购票。

(3)旅客候车室:针对城际铁路客运模式的改变,旅客在车站内滞留时间大大缩短,候车室规模也相应减小,以通过为主,候车为辅。候车室内候车人数采用日发送量的 1/10 计算,面积指标达到 $1.2\ m^2/$人。

6.旅客流线设计

采用双向下进下出流线设计。进站地道与出站地道分设,避免流线混杂与交叉。

7.站房建筑的形体塑造

在原站房建筑的形体塑造中,观念先进,主从对比平衡,造型优美;立面采用大面积采光窗,简洁而有节奏;整体造型充满现代气息,很好地展现了现代交通建筑的内涵,即使在今天开行高速列车的时代仍不失风采。

新建或改造部分应与主体建筑在形态与风格上保持一致与协调(见图5-12)。

图 5-12　塘沽站新建子站房

8. 简评

塘沽站的改扩建工程是一个典型的中、小型站房改造实例。保留原有站房建筑既是为了节省投资,也是为了景观乃至文化的延续和传承。已有站房建筑要保持原貌,新建筑要与之协调,还要有所发展,功能上更是要与时俱进。

我国铁路正面临一个空前的发展时期,大量客站面临着功能转型或能力提升的课题。是推倒重建,还是改建、扩建?如果改扩建,新、旧建筑间功能如何协调、建筑风格如何统一,都是对建筑师素养的考验。

塘沽站改扩建的成功,首先得益于原设计的先进及其为发展预留的空间;其次,改扩建设计者们对原建筑的理解、对改扩建功能需求的认识,尤其是对二者关系的平衡和把握,是改扩建设计成功的关键。

5.1.5　葫芦岛北站

1. 基地条件

站区北侧为起伏的丘陵地带,南侧是京沈高速公路,高速公路高出站区地面1～2 m。整个站区用地北高南低,站区轨道路肩设计高程49.52 m,高出自然地面约8 m,站房为线侧下式,车场为两个岛式站台。进出站模式:一站台为栈桥进出站(或通过台阶下来进入出站大厅检票出站);二站台为地道进出站。站台长度550 m。

2. 设计概念与指标

葫芦岛北站是秦沈客运专线区间内车站,设计最高聚集人数600人,是一座较大的小型客站。

作为高速客运专线车站,其功能的核心就是便捷性,站型设计以"通过式"为主,兼有一定等候功能。作为一座城市的新门户,火车站的功能还在于与城市的衔接,所以,车站设计与车站广场规划的配合在设计中是十分重要的。

葫芦岛市是一座新兴的滨海城市,市内新区发展速度相对较快,风景怡人。新建客运专线车站应体现出高效、安全、方便的时代特点,同时,也应展现出城市和高速铁路的精神风貌。车站功能的变化,必然反映到车站的造型上,建筑的造型既要映射内在功能,又要体现新的时代精神。

3. 总平面布局

该设计将车站广场分为公交车场、出租及社会车场、人行广场等几个主要部分。人行广场居中,它的两翼为公交、出租汽车场。为避免对车辆流线的交叉干扰和对人行广场景观的影响,城市道路进入站区后改为多道环路,内环为公交车辆专用道,外环为社会车辆与出租汽车辆的专用道,并在站房前区域设置出租汽车停靠站台,站台处设有楼梯和坡道,下车旅客可直接到达人行广场。

站区西侧规划有铁路生产、生活用房屋。

4. 景观设计

考虑到站房与其南侧的京沈高速公路的相对位置关系,将站房地面标高±0.000 定于 46.50 m 高处。将站房整体托起,室内外 3.02 m 高差在主立面由室外台阶衔接。这样既使站房在京沈高速公路一侧取得了良好的景观效果,又展现了凌空飘逸的气质。在站房室外较为宽裕的空间内设置人行绿化广场,在方便旅客的同时也丰富和美化了环境。

人行广场依据地势设置为逐层跌落式广场,并通过绿化、跌水、小品等丰富广场景观(见图 5-13)。

图 5-13　葫芦岛北站外景

5. 内部功能布局

现代铁路客站功能分区可以分为交通功能空间和辅助功能空间。交通功能空间包括综合候车厅和进出站通廊(道)等,它们应是流动而通透、符合交通建筑特征的有趣味的空间。

辅助功能空间则是附属的服务及生产办公空间,它们应符合旅客服务和铁路生产办公的流程,其面积与相互关系受到较严格的限定,是由小空间组成的。该设计对站区内的小型房屋进行合理规划,加强功能联系,打破布置小院落的旧模式,设置中心绿地提升环境质量。葫芦岛北站站房内部功能布局见图 5-14,结构与使用空间见图 5-15。

6. 旅客流线设计

鉴于停靠该站的列车对数较少,为更方便站区客流管理,减少旅客从站台到站房的走行距离,该站在站台空间范围内,出站旅客与进站旅客采用同一流线。通过控制集散

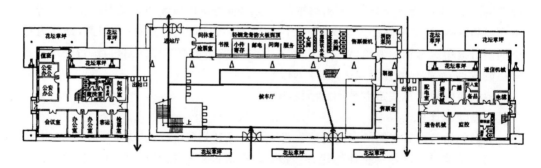

图 5-14 葫芦岛北站综合候车厅及流线示意图

厅的平面尺度、检票口平面布置、旅客标识引导系统的设置等措施来限定和引导两种人流的活动范围及走行路线。出站旅客检票后通过室外通道可直接进入广场。葫芦岛北站旅客流线设计如图 5-14 所示。

7. 室内空间设计

为旅客服务的所有用房都集中设在一个充满流动性而又开敞的大空间内,售票、小卖、邮电及问讯等旅服设施均以开敞的方式面向大厅布置,其空间高度低于主厅,增加了大厅层次感的同时又合理的塑造了空间。旅客在进站伊始,各种行为空间就清楚地展示在面前,避免了封闭式候车带给人的盲目性与紧张感。利用售票厅上空设置夹层,为旅客提供 160 m² 的就餐和茶座空间,餐饮区与候车区分布于大厅两端,在流动性很强的综合厅内开辟出一块安静的空间,提供给需停留一定时间的旅客。大厅视野开阔,就餐旅客随时可以了解列车到发情况(见图 5-15)。

图 5-15 葫芦岛北站综合候车厅

8. 站房建筑的形体塑造

由于该站地处低矮走廊地段,为不使建筑体量在周围环境中显得过于短小,设计中尽量保持建筑长向的长度,使整个体型流畅而又舒展,并通过舒缓而优美的大型屋面将办公用房与车站主体有机结合起来,成为一个整体。斜拉屋面的柱子与钢索以及充满金属质感的屋面在四周景观的映衬下,充满现代交通建筑的美感。

站房面临广场一侧是具有强烈通透感的结构式玻璃幕墙,内外景观交相辉映时,室外的绿树、草坪与流水为候车厅的氛围增添了诸多情趣。

9. 简评

我们以往总是把车站看成是城市的大门,仅注重其形象,而不很重视旅客使用车站设施的方便程度。在新时期,我国提出了铁路客站建筑设计的"五性"原则,"以人为本,以流为主"成为铁路客站设计的核心理念。基于这一理念,葫芦岛北站站房的内外空间处理,采取了与传统火车站不同的思路和手法。传统的交通建筑都不同程度的存在着空间划分过细、手续繁杂、流线冗长的问题,而近年来,随着铁路客运体制的改革和城市交通的发展,人们对铁路客站的观念与需求也发生着深刻的变化,高速、快捷、服务性强的综合性空间更为适应旅客及运营单位的要求。因此,大空间、综合候车厅以及流线简捷是该站建筑设计的目标。为完成功能性的要求,也为更好地塑造并体现空间感,具有轻盈、通透、大跨度等优势的钢结构无疑是现代交通建筑的上佳选择。

透明是当代建筑的一个显著特征,玻璃建筑带来的透明性仿佛化解了建筑空间的边界,为建筑世界带来了更广阔、更深远的空间意象。从外部空间的塑造到内部空间的揣摩,从整体形式的确定到单体方案的实施,从钢管组合柱的断面形式到楼梯栏杆的变化处理,葫芦岛北站无一不体现了设计者的深思熟虑与独到用心。

通过这一实例可以更深刻的理解到,中小型高速客运专线车站建筑设计的核心内涵就是"人性化,通过式"。

5.2 国外铁路客站作品选析

5.2.1 德国柏林中央火车站

1.基地条件

新柏林站位于柏林市中心地带。车站位于施普雷河北岸,与施普雷河湾南面的联邦行政区相邻,新政府中心、德国国会大厦、联邦总理办公室、联邦议院成员办公室以及联邦政府各部和大使馆距该车站仅几步之遥,距著名的观光景区勃兰登堡门、帝国议会大厦和菩提树大街仅有十几分钟的步行路程。同时,新柏林站也将为北面相接的柏林莫阿比特区服务。新柏林站是促进周围地区开发的催化剂,根据城市发展计划,这里将成为新的开发区(见图5-16)。

2.设计概念与指标

连接巴黎和莫斯科的东西线列车从高出地面12 m处通过,连接哥本哈根和雅典的南北线在地下15 m深处通过。柏林中央火车站预计每天可以接纳30万乘客,能够停靠1100次列车。其中远程列车164列,地方铁路区间车314列,城市快速交通列车600列,今后可能还要增加某些地铁列车。

柏林中央火车站的核心设计思想是着力强调已有轨道在城市空间中的走向,这一思想均已通过建筑语言加以实现——大面积但不失轻盈的站台玻璃顶和2座桥形的办公楼(见图5-17)。

3.总平面布局

柏林中央火车站位于动物园西北侧,其南部是国会大厦和政府部门,北部是商务区莫阿比特(Moabit)。

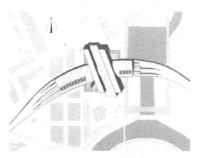

图 5-16　柏林中央车站总平面

图 5-17　柏林中央车站外景

整个枢纽由东西向的高架轨道交通线和南北向的地铁线构成,主要出入口布设在 2 条轨道交通线交汇处;地面层为路面交通,港湾式停车场;在高架桥西侧设置地面、地下四层私家车停车场,并提供方便的停车设施;在轨道桥东西两端建造办公楼,提供商业空间(见图 5-18)。

图 5-18　柏林站剖透视

4. 内部功能布局

(1) 交通空间布置。

① 地面 3 层:轨道交通站台层。位于地面以上 10 m,共有 3 个岛式站台。其中 2 个为城际快速轨道交通站台,1 个为东西向长途高速铁路站台。这里还可停靠轻轨 S3、S5、S6、S7 和 S9 等。

② 地面 2 层:售票以及换乘大厅。通过此换乘大厅,可以实现地上不同轨道方式之间的便捷换乘;在东西两侧设置商业活动,吸引了部分乘客到此乘车。

③ 地面 1 层:短途公共客运交通层。个人车辆与出租汽车的上下客位和临时停车位,自行车及步行交通,旅游业交通(大巴、游船)。

④ 地下负 1 层:售票以及换乘大厅。通过此换乘大厅,可以实现地下不同轨道方式之间的便捷换乘。

⑤ 地下负 2 层:轨道交通站台层。位于地面下 15 m,共有 5 个岛式站台,是南北向长途、城际火车站台,停靠普速铁路、高速铁路列车。这一层还有地铁 U5 线。

(2) 站务办公:主要分布在地上 2 层,少量在地下负 1 层。

(3) 商业设施:分布在 1 层、2 层和地下负 1 层。

(4) 车站服务:分设于 2 层和地下负 1 层。

站内功能布局如图 5-19 所示。

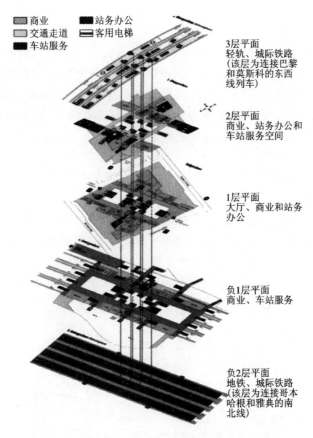

图例：
- 商业
- 站务办公
- 交通走道
- 客用电梯
- 车站服务

3层平面
轻轨、城际铁路
(该层为连接巴黎
和莫斯科的东西
线列车)

2层平面
商业、站务办公和
车站服务空间

1层平面
大厅、商业和站务
办公

负1层平面
商业、车站服务

负2层平面
地铁、城际铁路
(该层为连接哥本
哈根和雅典的南
北线)

图 5-19　柏林站分层功能示意

5. 旅客流线设计

在西方国家，火车站的功能和管理模式与我国有很大不同，西方国家更强调火车站的"公共性"和"开放性"，旅客或游客甚至可以骑着自行车从站房旁的公园直接进到站台。因此，进站旅客流线与出站旅客流线分离的理念在此没有意义。但柏林中央火车站的设计者声称："在 54 部扶梯和及 14 部垂直电梯的帮助下，进站后直接上车的旅客，在站内最长的步行距离不会超过一列车的长度。"

柏林中央火车站设计者之一，麦哈德·冯·格康（Meinhard von Gerkan）在评论中国与德国的火车站建筑的异同时写到"中国的火车站是一种'有限'的公共建筑。"同时，他也认为"中国火车站的这种功能组织，是基于一种前瞻性的先进的交通组织方案的。"

6. 站房建筑的形体塑造

在当代欧洲，铁路客站建筑造型的基本原则为开敞通透，造型流畅，与地域特点相呼应。

柏林站东西向 430 m 长的站台（目前建成 321 m），被大尺度但轻盈的玻璃顶遮护。大厅穿过两座办公楼的板状体块。两座办公楼在取位和方向上透露了地下火车站在城市空间中的位置。在城市规划和建筑形态上,这两座马镫形的桥楼与车站的玻璃大厅形成了一个有机的整体。

两楼之间是宽 45 m、长 159 m 的火车站中央大厅。南北走向的火车站大厅同样采用了轻盈的玻璃屋顶结构,东西方向的屋顶以一定的角度与南北方向的候车厅屋顶交叉,在两个屋顶相交处形成一个平坦的圆形顶棚。其南面正对着政府区,北面朝向莫阿比特区,迎接客人的门户姿态被充分展示出来;在城市空间上,它更如分隔符般将行政区和市区区分开来,同时又是联结两区的桥梁。

整体站房建筑给人以轻盈、通透、严谨而又生机勃勃的感受。实现了"新中央火车站——欧洲的一个新窗口——与欧洲共同发展"的车站建筑理念。

7. 室内空间设计

在中央大厅十字的中心部位,所有的层板上都有大尺度的开口,让自然光自上而下直达位于地下的站台,也让车站的空间安排一目了然,以保证站内导向清晰。除了为数众多的楼梯,6 部独立承重的钢结构玻璃电梯并排运行在内部空间中,为乘客在南北向的长途火车站和东西向的轻轨站之间,提供了直接、便捷的路径(见图 5-20)。

图 5-20　柏林站中央大厅

8. 简评

柏林中央火车站没有设置专用的候车空间,取而代之的是或分散、或集中设置的站内商业服务设施,之所以这样做,既是因为其每 90 s 就有一列列车出发的高发车率,也是基于当地旅客的时间观念和乘车习惯:即使你错过了某一班车,你也不必在候车厅内静坐,周围有众多商业、服务业设施等待着你的光顾。而且,站台空间布置有一些坐席,也可短暂候车。

覆盖于站台和轨道之上的大尺度钢结构玻璃拱顶,似乎是欧洲大型火车站建筑的传统,它是近代欧洲工业革命的标志。欧洲最早采用钢架—玻璃拱顶的是伦敦尤斯顿火车站,其后在 1868 年,伦敦圣潘可拉斯火车站建成了单跨达 74 m 的巴洛式顶棚,是当时最大的玻璃拱顶。1900 年,新建筑运动风格的巴黎奥尔塞终点站也采用了玻璃拱顶[见图 4-25(b)]。20 世纪初期的阿姆斯特丹车站是现代主义车站建筑中影响较大的,它也采用了车场大尺度钢结构玻璃拱顶(见图 4-28)。从功能上看,超长的钢结构玻璃站棚在为车场提供遮护的同时也保留了车场的通透性和空间辨识感,还为自然采光提供了条件。

同所有新建的火车站一样,柏林中央火车站同样是通向城市的门户,同时也是城市综合立体换乘枢纽。它独特的、极具吸引力的公共空间塑造,必将成为城市持续发展的动力。

由此可见,当今的德国建筑,一方面保持了现代理性主义建筑简洁、实用、功能与形式统一的特征,一方面又对城市历史的延续、现代技术的融合等问题进行了有益的探索和尝试。

5.2.2　日本新京都站

1. 基地条件

京都火车站位于新干线上,是拥有 1800 万人口的京阪神(Keihanshin)地区(东京、大阪、神户)的客流中心。京都每年有 4000 万游客,在 20 世纪 80 年代,京都车站就已经非常局促,因此,新车站的建设势在必行(见图 5-21)。

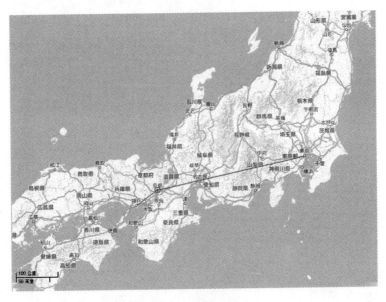

图 5-21　新京都站区位

京都位于日本列岛中心的关西地区,面积约为 610 km²,是世界著名的古都。公元794 年,平安京城始建于京都,至 1868 年迁都到东京为止,京都一直是日本的首都,为日本的经济、文化中心。在京都,传统文化保护和现代化发展之间的矛盾表现得最为明显。一方面,京都是日本最古老的城市之一,有 1200 多年的历史,有数百间有名的神社、神阁和古寺名刹。市政厅颁布了许多有关环境保护的法律法规,将有历史建筑的地区定为保护区,这些地区的新建筑必须按照严格的标准建造,即使老建筑的重建也需要得到市政府的许可,住宅区的建筑高度不能超过 20 m,市中心的建筑不能超过 45 m;另一方面,京都是一个有 150 万人口的大都市,因为三面环山的盆地地形,它的扩张空间极其有限,不像东京和大阪可以填海造地,京都只有拆除旧建筑,才可以建造新建筑。然而虽然土地有限,为了经济和社会的发展必须继续扩建。

2. 设计概念与指标

1990 年,京都车站开发株式会社和西日本旅客铁道株式会社联合举办了京都车站重建项目的国际竞赛。由于项目位于历史悠久的古都的重要位置(见图 5-22),组织者希望建成一座能象征京都文化和当代城市活力的新车站,既是能满足时代要求的交通枢纽,又将传统与未来相融合的国际化城市的重要景观。竞标组委会为设计师规定了三大目标:(1) 更新公共交通系统;(2) 更好地接待旅客;(3) 焕发市区活力。此外,要求新京都站日均旅客流量达 30 万人。工程用地面积 38 076 m²,总高度 60 m,总长度

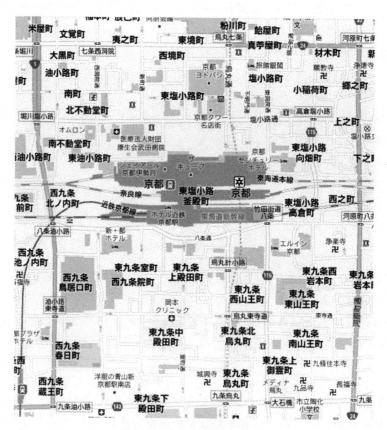

图 5-22 新京都站街区路网

逾 500 m。

3.总平面布局

京都车站大厦是一个功能上高度集中的建筑综合体。除了铁路客站和地铁车站外,内部还包含伊势丹百货公司,购物中心,一家有三个观众厅的文化中心(其中的一个大剧场有 925 座),一座博物馆,一家有 539 间客房的旅馆以及一座面积为 1800 m²、占 9 层楼面、可停 1250 辆汽车的大型立体车库,此外,还有大量室外和半室外的公众活动空间。用于铁路客站功能的面积仅占总建筑面积的 1/20(见图 5-23)。如此复杂多样的城市功能集中在一栋建筑物中,没有一个强有力的统率因素,就会产生混乱的局面。设计师在车站大厦的内部设置了一个巨大的公共空间,不仅紧密地衔接了各种功能,解决了多种交通方式的换乘问题,同时还为城市的多元化生活提供了场所(见图 5-24)。

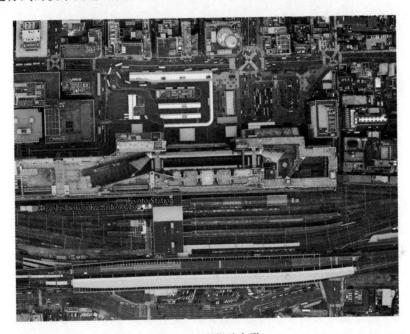

图 5-23　京都站鸟瞰

4.内部功能布局

进入车站大厦,首先到达底层的中央广场,向南通过检票口可以进入车站的候车空间,通过地面的开口的自动扶梯,可以将人流送入地下的 CUBE 专卖店街和地铁换乘站以及京都 CAT 终端站,向东则连接着车站大厦中的剧场。这样的布局形式,最大限度地避免了人流的交叉。位于中央广场两侧的室町小路广场和乌丸小路广场承担车站南北方向的人行交通,这两个广场由隐藏在建筑内部的南广场相互连接,由于承担较少的交通功能,可以承担少量的展演活动。西侧的大台阶联系着室町小路广场和太空广场,大台阶南北两侧是 JR 京都依势丹百货商店和京都府车票事务所,层层跌落的宽阔台阶,既是安全必要的疏散楼梯,又是隐蔽的观众席,成为市民停留和休息的地方。东广

图 5-24　京都站中央大厅内景

场和西边的太空广场是公共空间的最高处,东广场连接着京都格兰维亚饭店,太空广场则是市民钟爱的能够俯瞰全城的制高点,同时又是聚集活动的场所。

京都车站大厦几乎集成了所有的城市基本功能,而位于中央的巨大的公共空间,则使这些功能有机地联系在一起(见图 5-25)。

5. 流线设计

京都站的流线设计以 1 个中心、2 个节点和 6 条通道为特点。1 个中心就是中央大厅。2 个节点是指位于京都站屋顶的东、西两个广场——西侧的太空广场和东侧的东广场。两个广场的尺度远远小于中央大厅,广场虽然都在屋顶,但空间围合程度不同,环境形态各异。京都站由 6 个主要通道将不同的功能区域紧密联系起来(见图 5-26)。通道 1 是一个连接东西两侧的超长通道;通道 2 则联系着中央大厅的整个第三层平面,其宽度较宽,并且还与大台阶交会处形成了一个可用于举办展示活动的小型广场(南广场);通道 3 从东广场开始向乌丸小路广场跌落,其间采用电动扶梯连接,再向下到达中

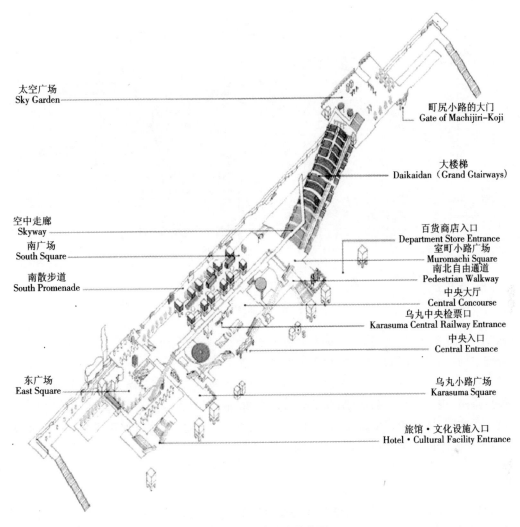

太空广场
Sky Garden

町尻小路的大门
Gate of Machijiri-Koji

大楼梯
Daikaidan（Grand Gtairways）

空中走廊
Skyway

南广场
South Square

南散步道
South Promenade

百货商店入口
Department Store Entrance
室町小路广场
Muromachi Square
南北自由通道
Pedestrian Walkway
中央大厅
Central Concourse
乌丸中央检票口
Karasuma Central Railway Entrance
中央入口
Central Entrance

东广场
East Square

乌丸小路广场
Karasuma Square

旅馆·文化设施入口
Hotel·Cultural Facility Entrance

图 5-25　京都站功能布局

央的入口广场；通道 4——空中走廊将东广场和大台阶联系起来，位于 45 m 高的建筑顶部；通道 5 由中央广场向西开始逐渐升高；通道 6 是向西拾级而上经过由连续的自动扶梯和宽阔的步行台阶组成的大台阶最后到达位于建筑屋顶的太空广场。

　　京都站开敞的中央大厅形同"山谷"，整个空间起伏转承，流线连续而流动。不同平面通过大量的自动扶梯与楼梯进行连接。相对于步行楼梯和自动扶梯的连续性，自身连续性更高的垂直电梯却由于中央大厅上下楼层的错位而只能处于较为隐蔽的位置，可见性较低。

6.室内空间设计

　　中央大厅是京都客站建筑的核心空间，是各种设施间的连接枢纽。大厅长 220 m，

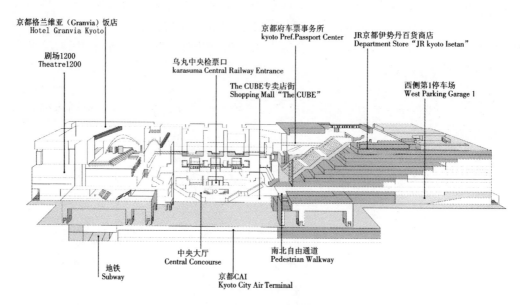

京都格兰维亚（Granvia）饭店
Hotel Granvia Kyoto

剧场1200
Theatre1200

乌丸中央检票口
karasuma Central Railway Entrance

The CUBE专卖店街
Shopping Mall "The CUBE"

京都府车票事务所
kyoto Pref.Passport Center

JR京都伊势丹百货商店
Department Store "JR kyoto Isetan"

西侧第1停车场
West Parking Garage 1

地铁
Subway

中央大厅
Central Concourse

京都CAI
Kyoto City Air Terminal

南北自由通道
Pedestrian Walkway

图5-26 京都站内通道

宽27 m,高28~59 m,沿东西横断面方向从中央向两侧升起,形成中间低、两边高的凹合型空间。屋面采用钢结构拱形桁架玻璃顶,东西两侧呈喇叭状开放,使得大厅空间具有半室外空间的性质。大厅东侧通至剧场、酒店以及露天屋顶花院,向西乘扶梯至二楼休息茶座,进而登高至四层,眼前呈现的是宽26 m、高30 m、有171阶踏步的大阶梯,直通屋顶花园,并从阶梯的缓台处可进入大型百货店内部。车站内部采用如此规模的大阶梯,使大厅同时具有广场舞台的性质,促进了人们在其中进行活动与交往。大厅北侧是面向室外广场的主入口,玻璃拱顶支撑在几个粗大的柱塔上。柱塔间开敞,入口只设一个装饰性的门框,强化了站前广场与站内中央大厅的空间渗透。大厅南侧是乘坐电车的检票口,由室内可以看到铁道线路及电车的停启。大厅与站首空间相通,最大限度地实现了现代交通建筑所具备的迅速与便捷。在中央大厅顶部有一条距地面45 m高的东西向空中走廊,它同时也是俯瞰大厅和眺望京都城市风貌的最佳位置。

在大厅空间的创造上,设计师将城市的要素纳入建筑空间,如在室内实现街道、广场等;在室内大空间中进行符合人体尺度的再造型,如设置局部小广场、平台、茶座、灯塔、街灯、雕塑等;建立空间与空间之间的连接与输送系统,如横跨东西的空中走廊、扶梯、楼梯、回廊和采用大规模的阶梯等。

7. 简评

建筑师在谈到京都车站的设计时说:"我们始终追求的是'京都车站'这一设计思想。实际上它是由饭店、百货、文化设施、停车场及站台这5个部分组成的复合建筑,其中,车站的面积仅占总面积的1/20。但基本任务的要求是其整体作为车站设计,因而,产生了称之为'地理学的集合广场'的设计。具体地说,就是从由东侧旅馆所包围的处于9层楼高的'东广场'经西侧的'大楼梯',到屋顶的'太空广场',形成像山谷一样细长的半外部空间。只有通过"集合广场"的人才能够了解整个建筑的全貌。"

在车站外观设计上大胆出新,在空间上为一长条形矩形建筑,在时间上突出这是面向21世纪的新建筑;在虚实上以灰色墙体为实、镜面窗户为虚,并采用立方体为基本单元,富有节奏与韵律。车站内部别出心裁,通过像峡谷一样的空洞,仿佛一个时光隧道连接着千年古都的前世与今生,在这里,站为实体,空洞为虚体。车站大楼创造了一个直通天空的人造景观。

6 铁路客站建筑课程设计

6.1 铁路客站建筑课程设计要点

1.项目分析

（1）项目区位分析图。

（2）城市主要交通网。

（3）项目基地分析图。

（4）铁路旅客发送量分析计算。

（5）已有交通网络规划和主要进出站方向。

2.设计理念

（1）规划设计目标。

（2）设计说明：① 概述；② 设计依据。

（3）城市功能定位：① 设计概念；② 设计原则——功能性、系统性、先进性、文化性和经济性。

3.规划设计

（1）总平面图。

（2）规划结构分析图。

（3）功能分析图。

（4）分期建设示意图。

（5）景观建设分析。

4.交通设计

（1）道路网规划和设计。

（2）交通设施分区规划。

（3）枢纽片区交通流线。

（4）城市公交流线。

（5）长途客车流线。

（6）出租汽车流线。

（7）贵宾车及步行流线。

5.建筑设计

（1）站房选型。

（2）分层平面图。

（3）立面图。

（4）剖面图。

（5）分层流线分析图。

（6）立体流线分析图。

（7）无障碍流线分析图。

6.相关专业与投资估算

（1）场地和轨道交通设计。

（2）结构设计。

（3）给排水设计。

（4）电气设计。

（5）弱电系统设计。

（6）采暖通风和空调设计。

（7）消防和管材。

（8）环境保护。

（9）投资估算。

7.效果图

6.2　优秀课程设计作业点评

6.2.1　新唐山站

1.项目分析

唐山是一座具有百年历史的沿海重工业城市。它地处环渤海湾中心地带，南临渤海，北依燕山，东与秦皇岛市接壤，西与北京、天津毗邻；它是联接华北、东北两大地区的咽喉要地和走廊。市区面积 3874 km²，人口 301.2 万。

新建天津至秦皇岛铁路客运专线引入唐山地区，客站拟利用既有唐山站改造，该站位于唐山市西部，交通便利，为唐山地区的主要铁路客运站。

1）铁路交通网方面——地区枢纽

唐山站是唐山地区内的主要客运站，衔接天津、山海关两个方向，主要办理始发终到旅客列车作业及其他客货列车的通过作业。津秦客运专线起自天津站，沿途经天津市的河东区、东丽区、塘沽区、汉沽区，宁河县，唐山市的丰南区、路北区，迁安市，滦县，秦皇岛市的卢龙县、抚宁县、北戴河区、海港区，沿既有京山铁路引入秦皇岛站。

天津至秦皇岛铁路通道地处环渤海经济区内，连接华北和东北两大经济区，是我国铁路网主通道之一，亦是中长期铁路网规划中"四纵四横"快速客运网的重要组成部分，在我国经济和社会发展中发挥着非常重要的作用（见图 6-1）。

2）城市方面——新唐山站

改建后的唐山站将建设成为以铁路客运为中心，集城市轨道交通，市域短途公路公交,市区公交、出租汽车及社会车辆等各种交通设施及交通方式的客运综合交通枢纽。根据唐山市有关的轨道交通规划,规划有两条地铁线经过唐山站站区,其中一条站位平行于国铁车场布置,位于站房东广场地下,为南北走向;另外远期规划一条地铁,站位垂直于国铁车场布置。

唐山市有发达的高速公路网,通过绕城高速公路,实现和唐曹高速、唐港高速、津唐高速、京沈高速及津秦高速的顺畅连接。

在城市内部交通方面,通过城市内外环线加方格网主干路及快速路网络构成唐山市主要的道路网格局,有利于市中心和外围地区的联系顺畅(见图6-2)。

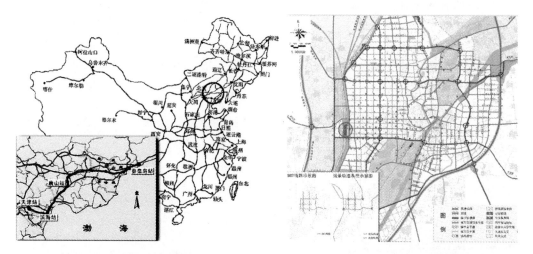

图6-1　唐山市铁路网　　　　　图6-2　唐山市内交通网

3) 铁路旅客发送量

规划与新唐山站配套的集疏交通有常规公交、出租汽车、社会车、长途汽车和轨道交通等各种交通方式,最终形成一个大型的区域性综合客运交通枢纽。由设计任务书得到新唐山站2030年铁路旅客发送量,并综合考虑唐山综合交通枢纽设计旅客发送量最新研究报告,将设计任务书上的目标年的客运量乘以1.6倍的修正系数,则新唐山站铁路日均旅客发送量为3.92万人。其中,铁路与公路换乘系数约为1.64%,另外98.36%的铁路旅客由城市交通承担集散。

2. 场地分析

1) 已有交通网络规划

已有站区周边道路系统规划北新西道、新华西道和南新西道为东西向主干道,是站区南北两侧重要的疏解通道及客流走廊。其中,新华西道规划红线宽度为50 m,北新西道和南新西道规划红线宽度分别为40 m和50 m。

站前路为站区周边南北向主干路,是站区东侧重要的疏解通道及客流走廊。其中站前路规划红线宽度为50 m,贯穿唐山西部城市片区,与北新西道、新华西道及南新西道等东西向城市干道均有交叉联系(见图6-3)。

2）主要进出站方向

根据唐山市城市总体规划与都市区综合交通体系协调发展规划,站区东侧、东北侧和东南侧为唐山站主要客流来源和疏解方向。结构性主干道站前路由于和北新西道、新华西道及南新西道等多条东西向主要干道相交相连,将成为新唐山站东侧的主要出入道路(见图 6-4)。

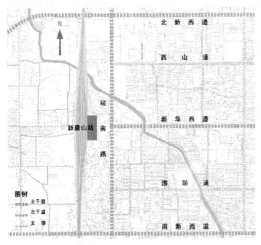
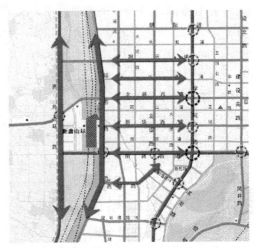

图6-3　唐山市内交通网　　　　　　　　　图6-4　新唐山站主要进出站方向

3. 设计理念

1）规划设计目标

以构建国际一流的城市综合交通体系为目标,以铁路客站为中心,结合整个车站区域规划考虑未来发展,科学规划广场、城市轨道交通、公路客运、城市公共交通、出租及社会车辆、邮政信息等各种交通设施和相关配套设施,做到布局合理、功能完善、流线有序、方便换乘。

综合考虑铁路、公路、轨道交通、城市公共交通、出租等多种交通方式之间的换乘关系,统筹设计枢纽内外交通组织,对周边道路网提出优化、完善建议,建立站区道路与城市交通网络的有机衔接,形成顺畅、便捷、完备的车站周边道路系统,使进出站的人流、车流能够快速集散。

结合规划条件,合理确定站区内各功能分区的用地容量,处理好车站与周边用地关系。本着合理布局、节约用地的原则,兼顾社会、经济、环境三大效益,确定合理的土地开发强度与环境容量。根据设计年度在规划中考虑远、近期建设的结合。

对站区相关部分科学布置铁路客运站、长途汽车客运站、城市轨道交通站、城市公共交通站、出租汽车及社会车辆站、广场、邮政通信设施、综合交通信息平台、公共服务、商业开发及各种交通设施的联系通道,使各种交通流线能够有机衔接。

结合车站自然地理环境,综合考虑车站的功能性、系统行、先进性、文化性、经济性及"四节一保"的具体应用,建设体现地域文化特色、具有国际先进水平、适合中国国情的大型现代化综合交通枢纽。

2) 设计说明

(1) 概述。

津秦铁路客运专线引入唐山站采用城际(含普速)、高速分场设置方案。既有车场为高速车场,规模为 5 个站台面 7 线(含正线 2 条)布置,在既有车场西侧新建城际(含普速)车场,设 7 个站台面 9 线(含正线 2 条),其改建后的唐山站将建设成为以铁路客运为中心,集城市轨道交通,市域短途公路公交,市区公交、出租汽车及社会车辆等各种交通设施及交通方式的客运综合交通枢纽。

(2) 设计依据。

① 由甲方提供的"新建天津至秦皇岛铁路客运专线唐山站建筑概念设计方案"。

② 由甲方提供的地形图等电子文件。

③ 国家相关的法律、法规、标准和规范。

④ 河北省和唐山市相关的地方法规、标准和规定。

3) 城市功能定位

(1) 传统工业城市。唐山是具有百年历史的全国重工业基地,被誉为中国近代工业的摇篮。这里矿产资源丰富,工业历史悠久,是全国焦煤的主要产区和全国三大钢铁原料基地之一。中国的第一桶机制水泥、第一座成功的机械化矿井、第一条标准轨距铁路、第一台蒸汽机车和第一件卫生陶瓷都是在这里诞生的。经过一百多年的发展,唐山已成为全国重要的能源、原材料工业基地,形成了以煤炭、钢铁、电力、建材、机械、化工、陶瓷为主的支柱产业。

(2) 新兴滨海城市。唐山市大陆海岸线总长 229.7 km,目前已经进行开发的港口岸线主要包括唐山京唐港区和唐山曹妃甸港区两段,已开发的岸线主要用于港口航运、水产养殖和盐业,唐山拥有华北最长的海岸线,发展潜力巨大。

4) 设计概念

(1) "涌动"设计概念。

新唐山站设计采用简洁明快、流畅挺拔的形体,不断涌起的立面线条仿佛大海的层层浪花在激荡中越飞越高,飘逸的白色屋顶轻轻飞起,寓意新唐山站在建设浪潮中不断攀升新的高度。

在新兴滨海城市的背后是唐山深厚的历史文化积淀。站房立面设计中采用简洁流畅、富于动感的波浪形线条,将百年工业城市文化的积淀过程和工业发展过程浓缩成规律而有节奏的立面线条层叠而上、不断涌起,寓意着唐山发展将立足于深厚的历史文化基础、激扬飞跃、勇攀高端。

新唐山站在体量设计上采用前部进站广厅高、后部候车厅逐渐降低的设计手法,不但体现了涌动的设计概念,而且使得内部使用功能需求与外部建筑体量达到了统一。

高高涌起的白色铝板屋顶与富于韵律的浅灰色石材以及玻璃墙面的对比,将唐山的传统与现代文化融合为一体。层层涌动的波浪形线条,勾勒出稳重大方而又轻巧灵动的城市立面形象,将百年唐山的历史积淀与飞速发展表现得淋漓尽致。

(2)"城市地标"设计概念。

无论对于从城市周边方向坐汽车到来的人流,还是乘坐火车到达火车站的人流,新唐山站立面的形象都是对唐山市的第一城市印象。从城市方向来的人流主要方向是东西方向,乘坐火车到达火车站的人流是南北方向,这个特点要求建筑的外立面在四个方向有很好的连续性和标志性。而传统的火车站十分注重面对城市部分的主立面设计,往往忽略了沿铁路线方向的立面设计。

本方案的设计注重建筑立面在四个方向上的连续性和形象标志性,从东广场到来的旅客可以看到站房飘逸的白色屋顶轻轻飞起。乘坐火车到达的旅客可以看到高架候车厅向东侧站房不断涌起,这条富有节奏的天际线与站房正立面凸起的白色屋顶相互呼应,使整个车站建筑形成一个和谐统一的整体,增加了对周围环境和建筑物的控制力,建成后的新唐山站必定成为唐山市的地标性建筑。

5)设计原则

(1)功能性原则。以旅客为核心,体现"以人为本,以流线为主线"的基本理念。在广场规划、各种交通方式的接驳、旅客流线、站房平面布置、空间组成及其他配套客运设施的设计中,利用有限的空间、有限的环境、有限的资源,为旅客提供最快捷、最方便、最舒适的乘车环境;以火车站为中心,将周边的各类交通设施尽可能邻近环绕火车站布置,让各种交通工具的相互换乘距离最短。

(2)系统性原则。客站设计中不仅要统筹考虑车站内各种设施间的有机结合,也要考虑近期建设与远期规划、铁路与城市、交通组织及疏解、硬件与软件、投资与运营费用等方面的有机结合、系统优化。考虑到业主的资金使用情况,空间的布局比较灵活,大空间的开敞设计,业主可以根据需要灵活调整空间布置。

(3)先进性原则。客站的功能布局融入前瞻意识,在未来较长时间内能够满足运输服务的需求。其次,在站房内部设施的完备和现代化上,充分考虑建筑的节能、环保,遵循和贯彻可持续发展理念,采用科学、先进、适用的新技术、新工艺,解决技术上的问题,推动客站建设不断向前发展。

(4)文化性原则。客站设计中把握建筑空间的艺术。体现当地的地域文化,深刻把握地域文化的神韵,结合地形、地貌、周围环境及气候特点,塑造出具有文化特色的建筑、景观。

(5)经济性原则。通过经济技术比选,投资合理控制,结构安全可靠,工程施工成熟可行,维护、养护简单便利,运营成本经济合理。适当降低站前高架桥的高度,减少线上候车厅的面积,降低车站主体的造价。

4. 规划设计

1）总平面图（见图 6-5）

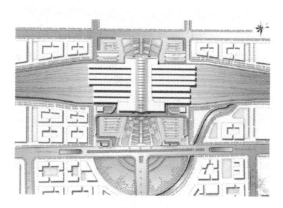

图 6-5 新唐山站总平面图

2）规划结构分析图

总平面规划结构设计秉持"一心两轴"的规划设计理念（见图 6-6）。

（1）一心（交通枢纽中心）。

新唐山站将成为唐山市重要的交通枢纽中心，是高速铁路客运、长途客运、公交车以及未来的轨道交通的换乘枢纽，其方便、快捷的零换乘设计将大大提高运输效率，极大的带动唐山市的城市发展。

（2）两轴（铁路轴和景观轴）。

景观轴：结合唐山市城市景观规划，将新唐山站的景观轴线平行于新华西道，使站房与景观广场形成新华西道西端的底景。

铁路轴：新建津秦客运专线在唐山市内经由丰南区、路北区，以及迁安市、滦县呈南北向走势。

3）功能分析图（见图 6-7）

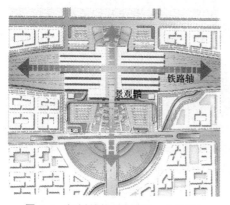

图 6-6 规划结构分析图（一心两轴）

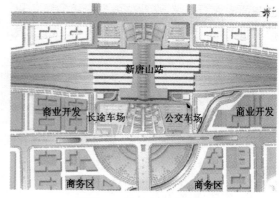

图 6-7 规划功能分析图

4）分期建设示意图

车站分期建设方案：根据设计年度，在规划中考虑远、近期建设的结合。

新唐山站为城际（含普速）、高速分场设置方案，近期建设项目为东站房及高架候车部分，随着城市西部区域的经济发展和人口的增加，远期建设项目西站房需要投入使用，本次设计预留西站房远期建设的条件（见图6-8）。

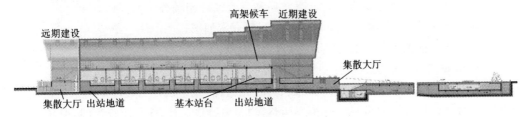

图 6-8　分期建设示意图

5）景观建设分析

（1）场地分析。

景观场地设计延续了火车站规划建筑的设计风格，场地布局组织沿用东西方向形成中央轴线，呈强烈的南北对称格局，场地满足了火车站快速疏散及人流短暂停留的各种空间需求。场地标高基本沿用规划设计标高，土方大致平衡。

（2）场地设计理念。

① 运用简约现代的景观设计手法。顺应规划及建筑空间形体，运用尽量"少而精"的景观元素创造简洁、明快的环境氛围。

② 强调中轴线的景观组织。以规整的行列式空间布局强调轴线，或以单元重复的灌木组合形成简洁韵律，打造效果强烈的视觉通廊，有利于形成气势恢弘、庄重非凡的空间效果。

③ 开合交织、动静结合的空间设计方法。设计元素有开阔草坪、对峙林带及安逸的小树林，空间或开或合。开合对比、动静相宜。

④ 景观设计中的"人性化"原则。设计考虑了火车站各种人流的视觉及心理特点，提供快速疏散通道及短暂停留的空间场所，以适应不同需求的各种人群。

⑤ 火车站设计的"生态"原则。对应于火车站停留人员较多的特点，景观设计以大面积的硬质铺地、草坪及条形铺地强调了设计的重点与亮点；主站房前的梯形广场是整个方案中最活跃的元素，结合树木、灌木、彩色硬质铺地构成一道迷人的风景线；广场两侧开阔的绿化带中点缀着圆形的采光天井，不仅为广场增添了活跃的元素，还可以为地下空间提供一定的光照。这种设计手法在有效节约能源的同时为建筑带来丰富的空间变化。

5. 交通设计

1）道路网规划和设计

新唐山站周边道路网架构主要规划设计原则如下。

（1）保证新唐山站主要方向进出车流便捷顺畅，减少绕行距离，快速进出城市主次干道路网。

（2）最大限度减少过境车流和进出场站车流彼此之间的冲突和干扰。

（3）保证新唐山站地区和城市其他各个片区之间的交通联系，并服务于本地区土地开发建设和未来片区发展规划。

（4）注重与站区整体城市空间形态布局和景观设计相融合。

在本次规划设计中，建议原规划路网的调整方案如下。

（1）由于站前路不仅作为进站道路，还要兼备城市道路快速通过的功能，为了使进站车辆的进站流线与过境流线互不干扰且简单流畅，本次设计将站前路规划为两层，地面层作为公交车、长途车、出租汽车及社会车进站道路，地下层作为过境车通道。

（2）对枢纽区范围内道路进行相应调整，均为单行道设计，简化车行流线，避免交叉冲突，并与外围路网有机联系（见图6-9）。

（3）地下过境车道设计（见图6-10）。

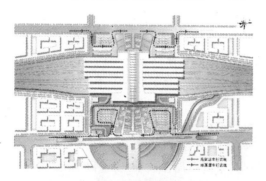

图 6-9　站区范围单行道设计

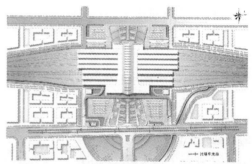

图 6-10　地下过境车道设计

2）交通设施分区规划

新唐山站位于城市西部，主要交通流量从东侧进出。考虑城市发展与铁路客运相协调的要求，以及城际（含普速）和高速场分期建设的时序安排，站房布局和站区规划构成以东站房和东广场为主、西站房和西广场为辅的东西站房格局。

站房和广场直接相连，公交汽车、长途汽车分列广场层南北两侧，社会车停车场和出租汽车营运区分列广场地下层南北两侧，与铁路和地铁出站口紧密相连，方便出站旅客选乘并快速离站。

依据主要进出站方向，枢纽片区公交车、出租汽车、社会车辆及长途汽车主要进站流线将围绕站前路、新华西道、北新西道及南新西道四条主干道系统进入站区（见图6-11）。

图 6-11　枢纽片区路网等级规划

3）枢纽片区交通流线

出站车流可以沿站区外围主干道站前路快速离开站区，进入新华西道、北新西道、南新西道、西山道及国防道等城市主次干道系统返回。

4）城市公交流线

公交车进站流线将主要通过站前路进入站区东广场北侧的公交车站落客。公交车从停车场出来后沿单向环线在站点载客，再行至站前路，通过站前路疏散至各个方向（见图6-12、图6-13）。

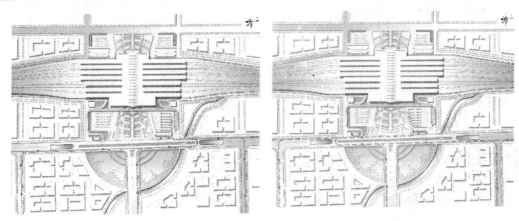

图 6-12 公交车进站流线   图 6-13 公交车出站流线

5）长途客车流线

长途客运站位于站区东广场南侧，客流方向主要来自站区南北方向和西部地区，经由北新西道、南新西道和站前路进入长途车站。站前路将作为长途客运站的主要疏解通道，进而与其他快速和高速路连接（见图6-14）。

6）出租汽车流线

出租汽车主要进站流线是沿站前路进入站区东广场站前高架。空载出租汽车也可以直接前往地下出租汽车场载客。

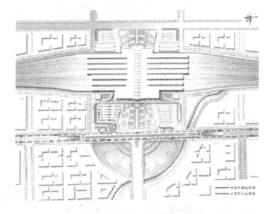

图 6-14 长途客车流线

在高架层落客后的出租汽车可快速下行，不再载客的车辆可直接通过站前路向各个方向疏散，另一部分需要再去载客的车辆可以前往位于广场南侧的地下出租汽车场载客（见图6-15、图6-16）。

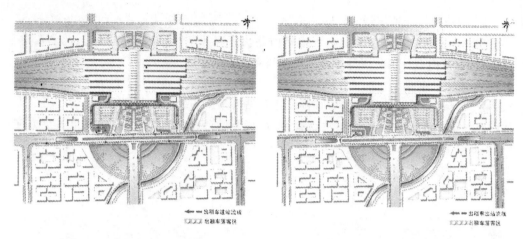

图 6-15　出租汽车进站流线　　　　　图 6-16　出租汽车出站流线

7) 社会车流线

社会车主要进站流线与出租汽车一致,通过站前路进入站区东广场站前高架。社会车辆也可以直接前往广场北侧的社会车地下停车场等候。在高架层落客后的社会车可直接通过站前路向各个方向疏散,在社会车地下停车场载客后的车辆通过广场北侧的地下出口进入站前路(见图 6-17)。

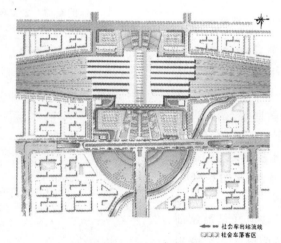

图 6-17　社会车出站流线

8) 贵宾车流线

贵宾车流线主要经由站前高架直接进入站台(见图 6-18)。

9) 步行流线

站房直接与站前广场及各交通设施相连,充分利用了立体分离,使换乘方式间距离最短,并实现人车分流,步行通道顺畅。配合站前广场及周边城市景观设计,可提供良好舒适的人行环境,并通过专门的人行走廊或通道连接枢纽站周边及邻近发展地块(见图 6-19)。

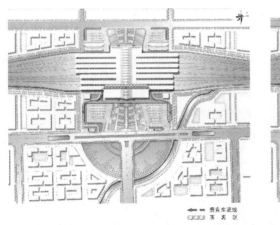
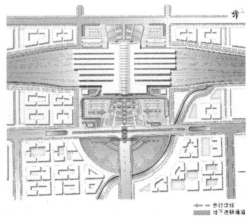

图 6-18　贵宾车流线　　　　　　**图 6-19　步行流线**

6.建筑设计

1）站房选型理念

本案站房选型的理念如下。

（1）通过合理的平面布局，设计一个具有经济效益的车站。

（2）采用地面车站形式，减少建设以及运营费用，并保证旅客安全。

（3）出发流线和到达流线的完全分离。

（4）站台环境良好。

（5）结合地面层快速进站，有效提高进站效率。

2）选型

本案最终选择线上式结合线侧式站房。

3）分层平面图（见图 6-20 至图 6-23）

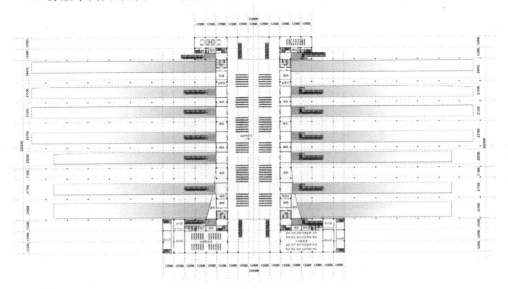

图 6-20　10.00 m 平面

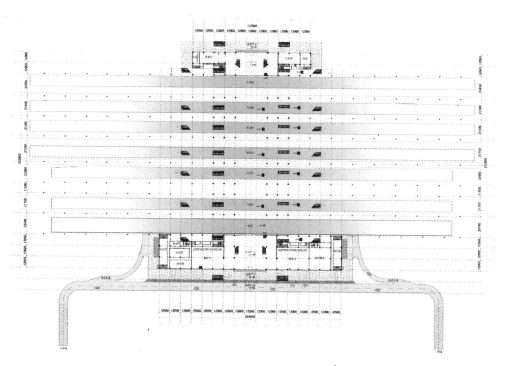

图6-21　±0.00 m平面

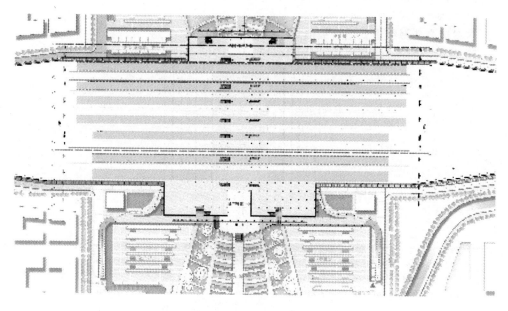

图6-22　-5.00 m平面

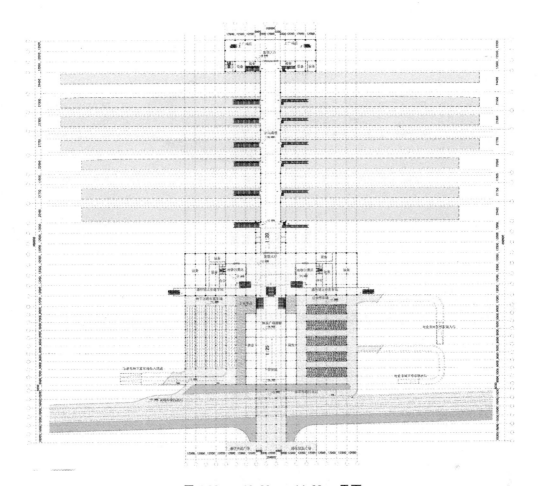

图 6-23 −10.00~−14.00 m 平面

4）立面图（见图 6-24）

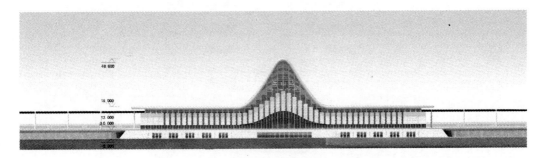

图 6-24 正立面

5）剖面图（见图 6-25、图 6-26）

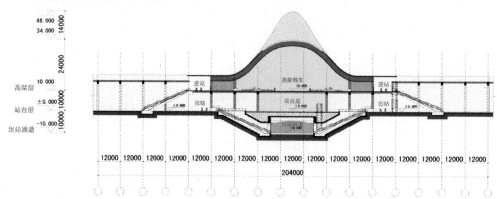

图 6-25　横剖面

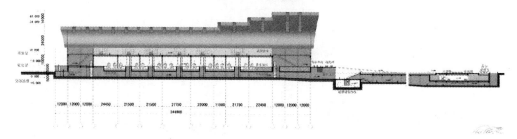

图 6-26　纵剖面

6）分层流线分析图（见图 6-27 至图 6-30）

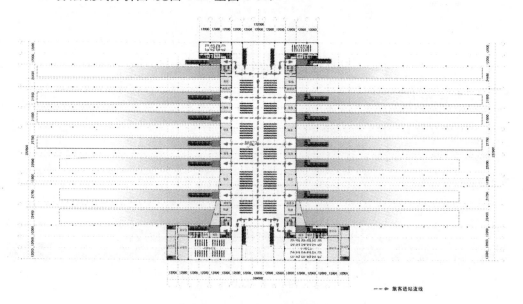

图 6-27　10.00 m 层旅客流线

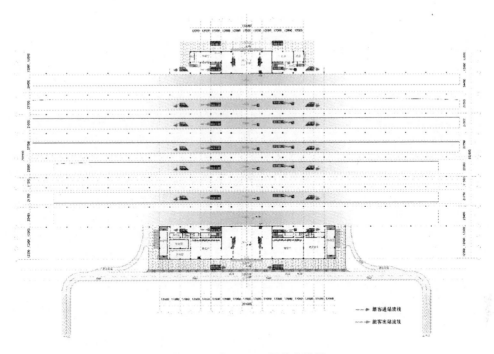

图 6-28 ±0.00 m 层旅客流线

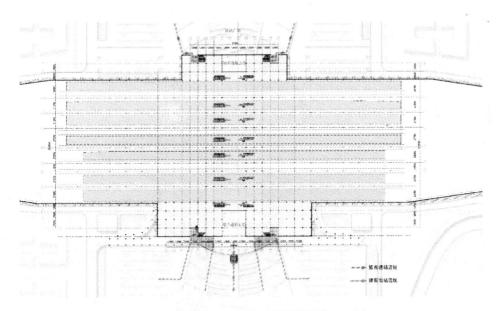

图 6-29 -5.00 m 层旅客流线

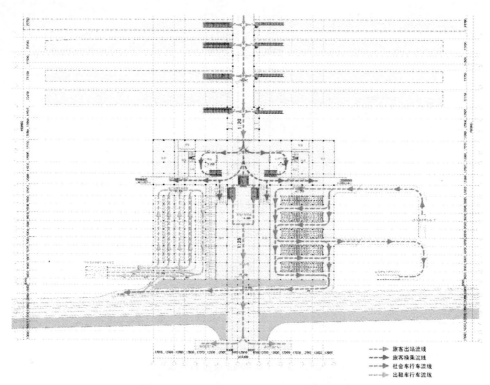

图 6-30　−10.00～−14.00 m 层旅客流线

7）立体流线分析图（见图 6-31）

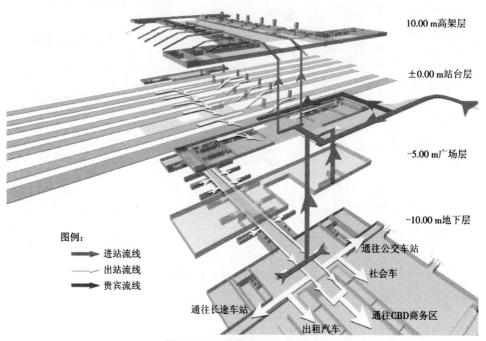

10.00 m高架层

±0.00 m站台层

−5.00 m广场层

−10.00 m地下层

通往公交车站

社会车

通往长途车站

通往CBD商务区

出租汽车

图例：

→　进站流线

→　出站流线

→　贵宾流线

图 6-31　立体旅客流线分析图

8）无障碍流线分析图（见图 6-32）

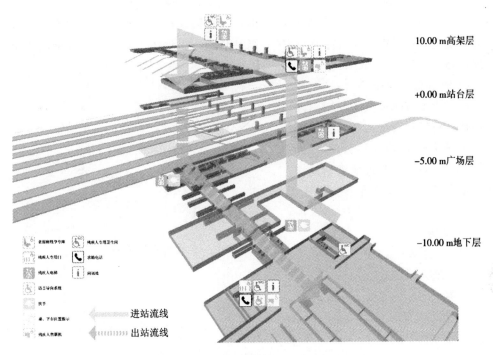

图 6-32 立体无障碍旅客流线分析图

7. 相关专业与投资估算

1）站场设计

新唐山站采用城际（含普速）、高速线路分场设置的方案。既有站场为高速车场，规模为 5 台 7 线（含 2 正线）。在既有站场西侧新建城际（含普速）站场，设 7 台 9 线（见图 6-33）。

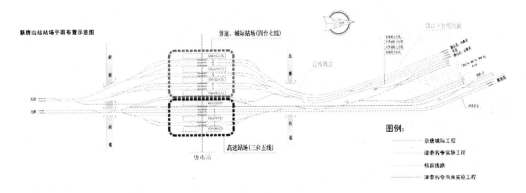

图 6-33 站场设计

受技术标准控制及跨陇海线立交桥标高限制,站场轨顶高程 21.80 m,站台面高程 23.50 m。城市规划地面高程约 18.05 m,铁路站台高于城市地面约 5.0 m。

站内正线铺设无道碴轨道,在咽喉区设置过渡段。在站台长度范围内到发线设预应力混凝土宽枕。铁路客站台为 1.25 m 高站台。站场整体美观、整洁,且能改善道床强度,达到减震降噪的效果。

2)轨道交通设计

根据唐山市轨道交通规划,有两条地铁线路经过唐山站区,其中一条平行于国铁车场,位于站房东广场地下,南北走向;另一条远期规划地铁,线路走向垂直于国铁车场(见图 6-34)。

3)结构设计

(1)自然条件。

累年最大风速 20 m/s。

土壤最大冻结深度 73 cm。

抗震设防烈度 8,设计基本地震加速度值为 0.2 g。

图 6-34 轨道交通规划

抗震设计类型为乙类。

建筑结构安全等级为二级,设计使用年限为 50 年。

(2)设计依据。

① 建筑结构可靠度设计统一标准　　GB 50068—2001。

② 建筑结构荷载规范　　GB 50009—2001。

③ 建筑抗震设计规范　　GB 50011—2001。

④ 城市桥梁设计准则　　CJJ 11—1993。

⑤ 建筑地基基础设计规范　　GB 50007—2002。

⑥ 混凝土结构设计规范　　GB 50010—2002。

⑦ 钢结构设计规范　　GB 50017—2003。

⑧ 冷弯薄壁型钢结构技术规范　　GB 50018—2002。

⑨ 网架结构设计与施工规程　　JGJ 7—1991。

⑩ 其他工种提供的相关资料。

⑪ 业主提供的设计任务书和其他相关资料。

(3)结构选型。

本工程主体结构由东站房和高架候车厅组成,其中东站房总宽度 204 m,进深 36 m,高架候车厅总长 234 m,总宽 84 m。

车站候车建筑部分结合建筑平面布置方案和功能要求,采用大跨度的空间结构形式,跨度为 60 m。主体结构采用实腹钢结构体系。

支撑屋面的主框架柱及车站屋面均采用钢结构。其中,钢架柱采用箱型变截面钢柱,截面尺寸为 1500 mm×120 mm×30 mm×30 mm;框架横向主梁可采用箱型截面钢梁或钢管桁架组合梁,纵向均采用钢桁架梁。

旅客进站通廊为钢结构体系;站台雨棚采用无柱悬挂结构形式,最大限度地减少站台层面内的结构柱。

(4) 地基基础。

主体结构基础采用桩基础。

4) 给排水设计

(1) 水源。新唐山站水源采用接城市自来水作为水源补强设计。

(2) 给水。

① 给水系统。首层由市政给水管网直接供应,其余各层采用变频给水系统。变频给水泵从不锈钢生活水池内吸水,向各供水点供水。

② 热水系统。卫生间和餐厅用热水分别由分散设置的容积式电加热器供给,其他各处不设热水供应系统。

③ 饮用水系统。在各候车室等处设置电加热饮水装置。

(3) 排水。

① 排水系统。室内采用污、废水分流,室外采用雨、污分流。厨房废水经隔油池处理以后排入生活污水管网;生活污水拟直接排入市政污水管网;雨水经收集后排入市政雨水管网。

② 基地的雨水设计重现期按照 5 年计算,设计降雨历时按照 5 min 计算。径流系数 Ψ 为 0.6。

③ 根据屋面结构形式,屋面雨水排水采用虹吸式排水系统,设计重现期为 10 年。

5) 电气设计

本项目由 35 kV 降压站供电,分界点为 35 kV 电源进线的高压电缆终端头。

(1) 设计内容。

供电设计,电力设计,照明设计,太阳能照明及供电设计,防雷接地设计,火灾自动报警及联动设计。

(2) 负荷等级。

本项目为一级负荷用户,消防设备,安保设备,应急、安全及疏散照明,站房、站台、天桥、地道的用电均为一级负荷。其中火灾自动报警系统、重要控制用计算机设备、应急照明设备等为特别重要负荷。其他负荷为三级负荷。

(3) 供电电源及计量。

本项目由地区电业 220 kV 降压站引来两路独立 35 kV 电缆至 35 kV 变电所。计量采用 35 kV 高供高量。另设置能量管理系统以实现内部细化核算,并纳入 BA 系统。

(4) 配电系统。

① 在本项目基地内设 35 kV 变电所,内设 2 台 35 kV/10 kV T 式变压器,由两路

独立 35 kV 电源进线综合控制系统。

② 35 kV 高压母线采用单母线分段,不设联络。在车站主体建筑的负荷中心设 6 个 10 kV 变配电所。10 kV 变配电所内设 10 kV/0.4 kV T 式变压器。10 kV 高压母线采用单母线分段,设手(自)动联络,0.4 kV 低压母线分段设联络。这样当其中一路 10 kV 电源故障检修时,切除非重要负荷后,通过手动联络开关动作,以减小停电范围。建筑内一类负荷由 10 kV/0.4 kV 变配电所的两段低压母线引至末端自切。特别重要负荷由两段低压母线引至末端自切后与应急柴油发电机引至的应急电源末端自切。

③ 低压配电采用干线式和放射式相结合的方式,对应建筑负荷中心设集中垂直管井配电间。管井配电间内设置照明垂直干线、动力垂直母线、空调垂直母线、消防垂直母线和应急垂直母线。楼层总配电柜设于管井配电间内。

(5)应急电源系统。

本项目中一级负荷由两路电源供电,其中特别重要负荷采用后备电源,末端自切。特别重要负荷按负荷用途可分为三类,第一类为计算机类负荷,一般随设备自带不间断电源,即 UPS 作为后备电源;第二类为应急照明为主负荷,本设计采用 EPS 三相应急电源;第三类为消防动力为主负荷及人防负荷,采用柴油发电机作为后备电源,这样兼顾了可靠性和经济性的要求。

对应 6 个 10 kV/0.4 kV 变配电所设 6 个应急柴油发电机房,每个应急柴油发电机房设置 1 台发电机组。

(6)照明设计。

本工程照度按规范规定,结合本建筑情况及国际 IEC 标准执行,主要场所采用间接照明与直接照明结合的方式,并根据不同的照度选择不同色温的光源,使主要场所的照度均匀度、亮度分布,显色性和色温比较合理,减少眩光,提高建筑的舒适度并兼顾节能。

主要场所照度、光源列表如表 6-1 所示。

表 6-1　主要场所照度、光源

部位	照度/lx	光源
一般场所	150(地面)	荧光灯
候车室、售票厅、进站厅	200(地面)	荧光灯、金卤灯
检票口、票据室	500(0.75 m 水平面)	荧光灯、金卤灯太阳能光导
行包房、托取厅	300(0.75 m 水平面)	高压铀灯、金卤灯

(7)接地系统。

① 低压接地保护采用 TN-S 系统。PE 线与零线自变压器后严格分开,以确保用电安全。本建筑设置总等电位接地。

② 本工程防雷等级为二类。在大楼顶部设避雷带或避雷针,引下线利用桩内主筋。

③ TN-S 系统接地、防雷接地、弱电系统接地、总等电位接地采用联合接地,接地电阻不大于 1 Ω。

(8) 建筑设备自动化系统。

① 本项目中设置 BA 控制中心。BA 系统要求达到开放性、兼容性、可扩展性、先进性、实用性结合。

② BA 系统的内容如下。

a. 电力系统的报警、监控、计量等。

b. 照明系统的控制。

c. 空调系统的最佳控制、监测。

d. 给排水设备的控制、报警、监测。

e. 火灾自动报警及联动系统的监控、记录。

f. 安保系统的监控、记录。

g. 建筑运输设备的监控。

6) 弱电系统设计

(1) 火灾自动报警及联动控制系统。

本工程为一级保护对象。在底层设消防控制中心。内设一套分布式智能型火灾自动报警联动控制系统,各报警联动模块自带 PLC 芯片与控制主机采用点对点中断响应方式通信,比以往采用的巡检方式大大提高了控制主机的响应速度和系统可靠性。

建筑各部位设区域显示器,根据建筑使用功能设智能型烟感或温感探测器,在电缆竖井采用缆式线形定温探测器,在高大空间内采用红外图像火灾探测器结合红外光束感烟探测器。各种探测器、手动报警按钮和消防联动设备均接至报警联动控制总线。防排烟风机、消防水泵在消防控制室设置手动直接控制装置,实现联动和就地控制,并在消防控制室显示状态。在设有手动报警按钮及消火栓按钮处设置消防专用电话插孔。

另结合背景音响广播系统设置火灾应急广播系统。在发生火灾时,由消防控制室强制转入火灾应急广播状态,消防控制室能监控扩音机的工作状态,并有遥控开启播音功能。

(2) 通信系统设计范围。

① 综合布线系统(GCS)。

② 电话通信系统(CNS)。

③ 有线电视系统(CATV)。

④ 公共安全管理系统(SA)。

⑤ 背景音响及应急广播系统。

(3) 综合布线系统。

本系统满足建筑内信息通信的要求,支持语音、数据、图像等信息业务的传输。

本建筑底层设主配线室,并预留网络接入室,为多家运营商接入提供可能。各楼层设若干垂直管井及楼层配线室,保证水平布线距离小于 90 m。垂直主干线传输语音部分采用三类大对数铜缆,传输数据部分采用单模光缆。水平布线采用六类非屏蔽 UTP 线,信息点设置应满足各系统的信息传输要求。

(4) 电话通信系统。

本建筑设数字程控交换机系统、数字无绳电话系统、VSAT 卫星通信系统和移动通信系统。

数字程控交换机系统的主程控交换机要能实现 ISDN 功能。程控交换机中继方式采用全自动中继与半自动中继的混合方式。电话外线回线数按 $0.05/10\ m^2$ 估算,电话内线按 $0.1/10\ m^2$ 估算。由于现代数字程控交换机有较大的可扩容性,结合经济性和实用性考虑程控交换机初装容量为 5000 门,故外部通信接入采用两根 12 芯光缆和 4 根 HYA22-300×4/0.5 中继铜缆。

数字无绳电话系统实现建筑内无线集群通信,无线呼叫功能。数字无绳电话系统的无绳控制模块直接安装在主程控交换机内,在合适位置设置固定发射基站。能为用户实现自动无缝连接。

VSAT 卫星通信系统在屋面预留卫星接收天线,主体建筑内离卫星天线小于 30 m 的范围内设置前端室。卫星通信系统与数字程控交换机系统相连。

移动通信的中继由移动通信部门设计。

(5) 有线电视系统。

本工程由公用有线电视网接入。有线电视传输方式为邻频传输,传输带宽以 1000 M 计。用户终端电平为 (64±4) dB,可实现双向传输,为用户提供另一信息途径。

(6) 公共安全管理系统。

本项目公共安全管理系统包括出入口控制系统、防盗报警系统、闭路电视监视系统、巡逻管理系统、对讲管理系统、旅客物品安全管理系统。

建筑底层设安保中心,与 BA 控制中心合用。整个安保系统采用集中模式,但系统要提供部分区域设置分控中心并接入总安保系统,中心内设中央控制计算机、闭路电视控制矩阵、监视器、无绳对讲主机等。

在建筑的下列部位设带云台或固定式 CCD 摄像机:主要出入口、电梯轿厢、客运售票处及其他部门。

重要部门设门禁读卡器和红外声波双检入侵探测器。重要部位报警探测器应与监视摄像机联动。

安保对讲采用通用数字无绳通信系统。

(7) 背景音响、广播系统及信息通告系统。

本方案设客运广播控制中心,可以实现背景音响、客运自动广播、广播通知等功能,火灾时可由消防控制中心强制切换至应急广播状态。

广播系统采用有线 PA 方式高电平信号传输系统。

　　信息通告系统包括旅客导向电子系统、列车到发微波通告系统、微电脑电话查询系统。

　　7）采暖通风和空调设计

　　（1）采暖通风系统设计范围。

　　① 候车室、售票厅、通信机房、客运调度、办公、商场、餐饮及辅助用房等的空调和通风设计。

　　② 地下汽车库、变配电间、冷冻机房、水泵房、锅炉房等设备用房的通风设计。

　　③ 整个建筑物的防排烟系统、站台排烟（炊烟）系统设计。

　　（2）采暖通风系统设计计算参数。

　　① 室外设计参数如下。

夏季空调计算干球温度 34 ℃　　　　冬季风向频率 NW14%,WNW12%

冬季采暖计算干球温度－20 ℃　　　 夏季风向频率 ESE15%,SE15%

夏季通风计算干球温度 20 ℃　　　　全年风向频率 ESE10%

冬季通风计算干球温度－20 ℃　　　 冬季日照率　 43%

夏季计算平均风速 3.2 m/s

　　② 室内设计参数如表 6-2 所示。

表 6-2　室内设计参数

区域	夏季干球温度/℃	夏季相对湿度/(%)	冬季干球温度/℃	冬季相对湿度/(%)	噪声/dB	新风量/[m³/(h·p)]
候车室	25～27	55～65	18～20	≥35	≤50	25
售票厅	25～27	55～65	18～20	≥35	≤50	20
办公	25～27	55～65	18～20	≥35	≤45	30
商业	25～27	55～65	18～20	≥35	≤50	25
餐饮	25～27	55～65	18～20	≥40	≤50	25
通信机房	22±1	50±5	22±1	50±5	≤50	30
客运调度	22±1	50±10	22±1	50±10	≤45	30
公共部分	25～27	55～65	18～20	≥40	≤50	30

　　（3）空调系统设计。

　　① 候车室等高大空间,根据分层空调的原理,结合建筑设计的可调电动窗,上部区域设置自然和机械排风兼排烟系统,下部区域以空调为主。上、下区域设定一个界限,空调送风口设置在下部区域,送风口设置为冬、夏季可调型喷口等形式的风口,保证冬、夏季较好的气流组织和人员活动区域的空调及节能效果。

　　② 为了解决高大空间空调气流组织、水平及垂直方向温度不均匀性和风管难以布置的现状,也可采用置换式通风的空调方式,该方法特点是经过处理的空气首先低速直

接送入人员活动区域,有效地保证人员活动区域的室内空气品质。结合高大空间上部设置的排风系统,利用自然对流有效地从上部排除热、污浊气流,舒适性与通风换气效率高。通过上部区域的排风和下部区域的补风,将上部区域的太阳辐射热等热量直接排出室外,以减少单位面积空调负荷和太阳辐射热对下部空调区域的影响。为了解决冬季高大空间上、下区域普遍存在温度梯度较大的问题,可采用地板辐射采暖的方式。结合建筑物外立面造型,建筑专业已考虑外遮阳和内遮阳等措施,以便减少太阳辐射热对室内的影响。

③ 办公等区域采用变风量(VAV)全空气系统,空调机组按功能和区域进行设置,空调系统设置二级过滤及冬季加湿处理,以满足室内温湿度、清洁度和相对湿度的要求,气流组织为上送上回的方式。

④ 小房间等空调区域采用风机盘管加新风的水一空气系统。新风系统设置二级过滤及冬季加湿处理,气流组织为上送上回的方式。

⑤ 候车室、售票厅、商场、餐厅、公共部分等大空间部分采用全空气系统,空调系统设置二级过滤及冬季加湿处理,气流组织采用顶送下回的方式,根据以上区域人员密集的特点,过渡季节采用全新风量,充分利用室外冷源对室内降温和通风换气。

⑥ 通信机房、客运调度、消防安保控制中心、电梯机房等考虑其一年四季和不间断使用空调的特殊要求,可单独设置风冷(或水冷)直接蒸发恒温恒湿或风冷直接蒸发分体式空调机组,通信机房、客运调度机房和计算机房当设有架空间地板时,可采用地板送风的方式。

8) 消防和管材

(1) 消防。

① 消防水源。市政自来水管网接入两路 DN200 水管,市政给水管网最低压力按照 0.15 MPa 计。本工程设 400 m³ 消防水池。

② 消火栓系统。室外消火栓由市政给水管网直接供给,室外消防给水管网呈环状布置,消火栓用水量为 30 L/s。室内消火栓系统采用临时高压给水系统,建筑内按规范要求布置单栓室内消火栓,消火栓用水量为 20 L/s。集中设置消防泵房,消防泵房内集中设置消火栓泵、消火栓稳压泵和稳压罐,不设屋顶消防水箱。系统设置水泵接合器。

③ 自动喷水灭火系统。站内设置自动喷水灭火系统,火灾危险等级为中危险Ⅱ级,系统用水量为 27 L/s。系统采用临时高压给水系统,在消防泵房内设置喷淋泵、喷淋稳压泵和稳压罐,不设屋顶消防水箱。每个防火分区均设置电磁阀和水流指示器,每个湿式报警阀连接的喷头数不大于 800 个,系统设置水泵接合器。

④ 其他灭火系统。车站电子计算机房的主机房内设置烟烙烬气体灭火系统。站内各处按规范要求设置磷酸铵盐干粉灭火器。

(2) 管材。

① 生活给水管。室外给水管采用球墨铸铁管,承插连接;站内生活给水管采用内壁涂塑钢管,丝扣连接。热水管采用铜管,银焊连接。

② 排水管。室内污、废水管采用 U-PVC 建筑排水管,胶粘连接。室外雨、污水管道采用双壁缠绕大口径塑料排水管,承插连接。

③ 消防管道。室外消火栓管道采用球墨铸铁管,承插连接。室内消火栓管道采用热镀锌钢管,管径大于 DN100 采用沟槽式卡箍连接,其余采用丝扣连接。

9) 环境保护

(1) 生态环境。

① 环境分析。站房、广场、道路及配套设施建成之后,人工景观将取代原生的自然景观,地表植被将遭受破坏,损失一定数量的生物量;土石方施工中,弃(碴)土的堆置,以及开挖的裸露地面如果防护不当,在雨季易形成局部的水土流失。站区耕地占用量较小,对农业生产影响不大。

② 解决措施。设计将贯彻人工景观与自然环境相融合的理念,尽量利用广场、铁路车场、交通道路两侧的空地进行绿化,一方面取得美化环境的效果,另一方面也可补偿工程占地造成的生物量损失。施工产生的弃(碴)土及时开挖、及时清运,弃土(碴)场坡脚设片石挡护,土(碴)堆平整覆土后进行绿化。

(2) 声环境。

① 环境分析。施工期噪声主要来自各种施工机械及运输车辆的作业噪声;建成期噪声主要来自车站列车通过、到发运行噪声,车站广播噪声,固定声源设备(如冷却塔、风机、泵房等)噪声以及道路、停车场交通噪声,站前广场人群和商业活动噪声等。由于车站区域在建设和建成期周围无敏感点分布,对外环境不会造成噪声污染。

② 解决措施。为降低通过、到发列车运行噪声的影响,对站台面向轨道侧铺装吸声材料。对各种固定声源设备(如冷却塔、风机、泵房等)做好隔、消声及减振设计,以减少其对外环境的影响程度。

(3) 空气环境。

① 环境分析。施工期建筑物拆迁、土石方施工以及运输过程中产生扬尘,以燃油为动力的施工机械及运输车辆产生的废气对周围空气环境质量有一定影响。车站不设置锅炉,所用动力设施以电为能源,无废气排放。

② 解决措施。施工场地定期洒水降尘,站房动力设施全部采用清洁能源。

(4) 固体废物。

① 环境分析。施工期固体废物主要分为两类,其一是建筑拆迁产生的建筑垃圾,由城市碴土管理办指定地点处置;其次是施工驻地生活垃圾,纳入城市环卫系统处置。车站建成之后,车站办公、生活垃圾,旅客候车产生垃圾和旅客列车卸放垃圾,统一收集后交地方环卫部门处置。

② 解决措施。工程建筑垃圾执行《唐山市建筑垃圾和工程碴土处置管理规定》,在唐山市工程碴土管理机构指定的场所弃置。运营期设垃圾转运站一座,将车站生活垃圾及旅客垃圾集中后交济南市环卫部门处置。

(5) 电磁环境影响。

① 环境分析。电气化铁路机车运行振动或接触网导线表面不够平滑,导致"受电

弓"与接触网导线间出现短暂的离线,在受电弓与接触网导线之间产生电弧火花,从而发出无线电干扰电波。

② 解决措施。类比调查表明,无线电噪声干扰场强为 31～55 dB(μV/M),对线路两侧 40～80 m 范围的民用电视低频道(6 频道以下)收视效果产生轻微影响,对高频道则基本无影响。由于车站周围已无居民区等敏感目标,工程建成运营期不会对周围环境产生电磁污染。

8. 新唐山站效果图(见图 6-35 至图 6-38)

图 6-35　新唐山站整体鸟瞰效果

图 6-36　新唐山站透视效果

图 6-37 新唐山站室内效果

图 6-38 新唐山站站台效果

6.2.2 重庆西站

1. 项目分析

重庆市地处中国内陆之西南,位于长江上游,是一个多中心组团式的城市。它是中国四大中央直辖市之一,中国重要的中心城市之一,中国国家历史文化名城,中国长江上游地区的经济中心,国家重要的现代制造业基地,中国西南地区城乡统筹的特大型城市。城市依山而建,人谓"山城",又为中国内陆的工业重镇,也称"雾都"(见图6-39)。

重庆西站是在既有的重庆东站的站址上新建。站房设于靠山侧,东侧紧邻内环高速公路,西靠中梁山山脉,南望华岩寺风景区,距离重庆站和重庆北站分别为12 km和17 km(见图6-40)。

拟建的重庆西站站房建筑总面积120 000 m²。站房建筑总面积包括铁路客运用房、辅助生产生活用房和其他用房所有面积。

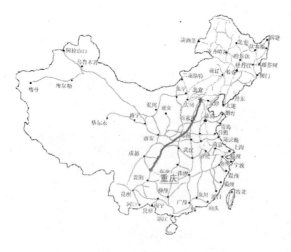

图6-39 区位分析

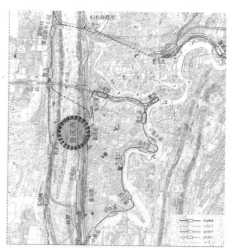

图6-40 重庆西设计基地分析

1)铁路交通网方面——地区枢纽

新建重庆至贵阳铁路,自重庆市中梁山东侧的西客站引出至斗蓬山外贵阳枢纽新建贵阳北站,正线长度344.365 km,全线共新建车站9个,改建车站14个。重庆西站为重庆枢纽的新建车站。

2)铁路旅客发送量

由设计任务书得到重庆西客站2030年铁路旅客发送量,并综合考虑重庆西客站综合交通枢纽设计旅客发送量最新研究报告,重庆西客站铁路日均旅客发送量为124 400人,最高聚集人数为15 000人。

规划与重庆西站配套的集疏交通有轨道交通、常规公交、出租汽车、社会车、长途汽车等各种交通方式,最终形成一个大型的区域性综合客运交通枢纽(见图 6-41)。

图 6-41　重庆西站 2030 年全日及高峰小时各种交通方式单向客流

3) 站区市内交通换乘流量

调查和数值分析结果表明,必须考虑铁路旅客与其他交通方式之间的换乘,并充分利用轨道交通的大运量运输模式(见图 6-42)。

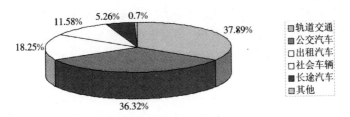

图 6-42　站区市内交通换乘流量数值分析

4) 主要技术经济指标(见表 6-3)

表 6-3　重庆西站主要经济技术指标

序号	名称	单位	数量	备注
	站房最高峰小时客流量	人	15 000	—
1	车站建筑总面积	m²	117 681	—
1.1	地上站房面积	m²	95 994	—
1.2	地下站房面积	m²	21 687	—
1.3	站台雨棚	m²	11 857	—
1.4	地下通道	m²	6218	—
1.5	轨道交通	m²	14 956	—
2	停车场	个	1	—
2.1	长途汽车停车泊位数	辆	20	地上
2.2	公交汽车停车泊位数	辆	40	地上
2.3	出租汽车停车泊位数	辆	417	地下
2.4	社会车辆停车泊位数	辆	452	地下

2. 设计理念

1）规划设计目标

重庆西站作为渝黔客运专线同步配套工程，建筑规模确定为特等站，站房综合楼总建筑面积近 120 000 m²。重庆西站建成后，将成为西部地区规模第二大的火车站，仅次于建设中的西安北站，是重庆市及西南地区最大的火车站，届时重庆主城区将形成"重庆、重庆北、重庆西"三站格局，分别承担不同方向的客流。

2）规划设计原则

（1）遵循我国铁道部提出的铁路客站建筑设计的"五性"原则——功能性、系统性、先进性、文化性、经济性，建成国际一流的城市综合交通体系。

（2）以铁路客站为龙头，重点解决站区内多种交通方式之间的换乘关系。

（3）科学控制站区及周边地块的土地开发强度与环境容量。

（4）体现地域文化特色和时代精神，构建和谐而可持续发展的新型交通枢纽社区。

3）设计说明

（1）概述。

重庆西客站本次设计规模为 31 台（面）33 条到发线（含正线），站房综合楼总建筑面积 120 000 m²。车站设成渝长（西侧）、郑渝昆（东侧）和兰渝黔（中间）三个站场。成渝长站场设 4 个中间站台，到发线 9 条（含正线）；郑渝昆站场设 4 个中间站台和 1 个基本站台，到发线 11 条（含正线）；兰渝黔站场设 7 个中间站台，到发线 13 条（含正线）（见图 6-43）。

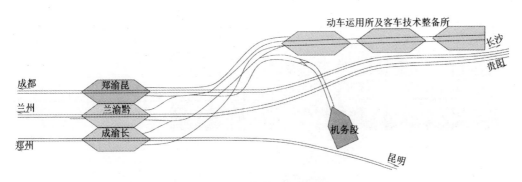

图 6-43   重庆西站平面布置

（2）设计依据。

① 由甲方提供的"渝黔铁路重庆西客站建筑设计概念设计方案"。

② 由甲方提供的地形图等电子文件。

③ 国家相关的法律、法规、标准和规范。

④ 重庆市相关的地方法规、标准和规定。

4）设计理念

意蕴巴蜀之传统文化，从吊脚楼中提取元素精华。重庆依山而建、两江环抱。由于地势的缘故，所有的建筑都需沿着山坡依次建造，重庆西站提取出当地传统建筑吊脚楼中的元素符号加以应用，采用简洁明快、流畅舒展的几形体，回应独特的地理人文环境，力图表达历史悠久、灵动大气的城市文化形象，作为重庆地区独有的传统民居形式，吊脚楼背靠高山，面向江水，更凸显出重庆人独特的精神魅力。正如川中名士李调元的佳句："两头失路穿心店，三面临江吊脚楼。"夕阳西下，金色柔和的阳光照在高低错落、起伏跌宕的屋面上，加之点点灯火，远望看去，有时眩目，有时隐约，恰似一幅流动山水写意画，浓淡暗明；江水中，波光粼粼，宛若珍珠，一组组闪烁的光芒连接两岸，激活整座城市（见图 6-44）。

造型创意之"西南龙脊"。积淀历史、宽厚包容，领航大西南。重庆，地处中国西南部，我国中央直辖市之一，又是长江上游地区经济中心和金融中心，国家重要的现代制造业基地，素有山城之称。冬春雨轻雾重，又称"雾都"。作为巴渝文化的发祥地，这片土地孕育了重庆悠久的历史，深厚的历史积淀与现代工业文化的相互交融，形成了重庆兼收并蓄、宽厚包容、恢弘博大的城市文化特征。

建筑以中梁山为背景，顺应山势而显重叠韵味。重庆西站正是抓住这种诗情画意的生活写照，寓以现代的建筑手法，将建筑与城市历史文脉相结合，体现站房特有的文化性与创新性。站房整体呈倒 T 字形布局，最大限度地将站房立面呈现给城市界面，以凸显交通建筑的形象特色，同时建筑后侧以中梁山为依托，与山势相呼应，站房造型采用群山与吊脚楼共有的重叠效果，使建筑个性而富有张力。由中央向两端缓缓下落的

（a）　　　　　　　　　（b）　　　　　　　　　（c）

（d）　　　　　　　　　（e）　　　　　　　　　（f）

图 6-44　重庆西站立面创意

（a）、（b）、（c）现代；（d）、（e）、（f）历史

屋顶轮廓优美而富于动感，并在建筑正面形成深远的出檐，屋檐下构成了醒目的入口空间，在丰富建筑空间层次和强化建筑韵律的同时，最大限度上明确了人流的导向性（见图 6-45 至图 6-47）。

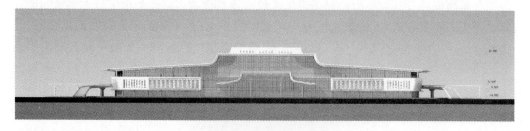

图 6-45　重庆西站正立面

建筑屋面形式与山体相呼应，丰富了室内光影效果，为旅客带来舒适的候车环境，建筑两侧采用与吊脚楼类似的表现手法，灵秀之间体现出重庆特有的巴渝文化。

虚实对比，秩序井然，稳重而充满灵性。在建筑立面细部的处理中，大面积玻璃幕墙作为屋顶出檐和下部墙面之间的填充，形成了虚实对比的效果；嵌于墙面的木质感直棂窗处理丰富，具有良好的秩序感，竖向的线条隐于横向体块之中，使立面稳重而不失活泼。

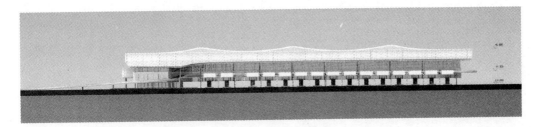

图 6-46 重庆西站侧立面

图 6-47 重庆西站主入口效果

3. 规划设计

1）总平面图（见图 6-48）

2）规划功能分析图（见图 6-49）

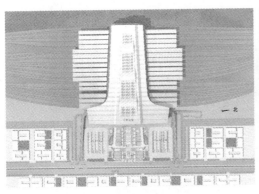

图 6-48 重庆西站总平面

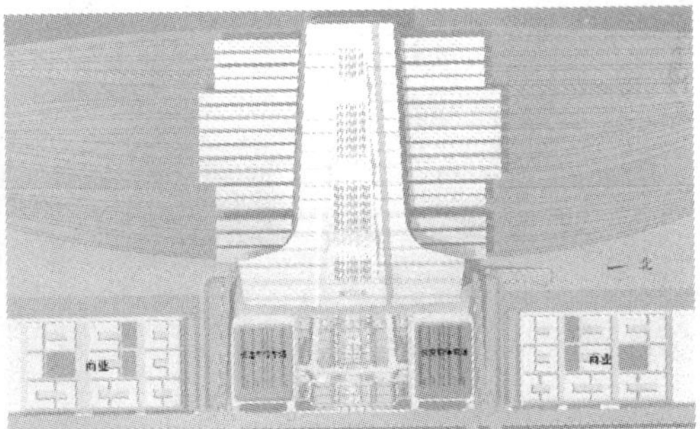

图 6-49 重庆西站功能分析图

4. 交通设计

1）路网规划与设计

重庆西站位于既有襄渝线的重庆东站地块,东邻凤中路、高架内环快速路和快速五联路,西靠中梁山山脉,南侧为站南一路,北侧为站北一路,距离重庆站 12 km,距重庆北站 17 km。

按计划,重庆西站将建设大型交通广场,设立公交换乘站和长途汽车站,以方便市民换乘。此外,轻轨二号线将建一条支线,直接通达西站。重庆西主干道设计见图 6-50。

成都铁路局提供的资料显示,重庆西站规划车场充分考虑了渝黔铁路、渝蓉客专渝昆铁路等线同时引入的需求。旅客进出站采用上进下出为主的高架候车模式。重庆西站建成后,它将成为重庆市对外的主要门户枢纽和综合性铁路特级站。这个旅客站是以铁路为主,集长途汽车、公交、轨道等多种交通方式于一体的综合交通枢纽。

2)交通设施分区规划

重庆西站设东广场,地面层南侧设置社会大巴停车场,北侧设置公交车停车场;地下层南侧设置社会车停车场,北侧设置出租车停车场。设计中,为解决站前道路车流量大、交通混杂的问题,将出租车和社会车从广场上分离出去,解决了广场的停车混乱问题,实现人车分流。环站房高架桥的设置将汽车引到站侧进站平台落客,不但缩短了旅客进站距离,而且还形成一个顺畅的车行环路,高架车道送客的车辆可以便捷地进入地面或地上停车场蓄车(见图 6-51)。

重庆西站区交通流线分析如图 6-52 至图 6-55 所示。

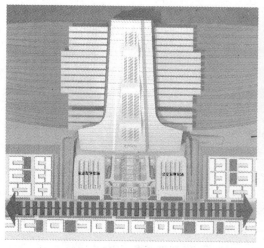
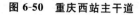
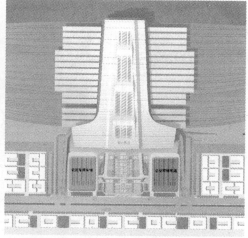

图 6-50　重庆西站主干道　　　　　图 6-51　重庆西站交通设施分区规划

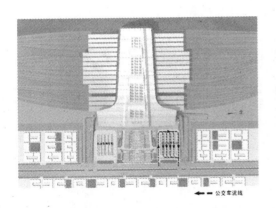

图 6-52　重庆西站公交流线

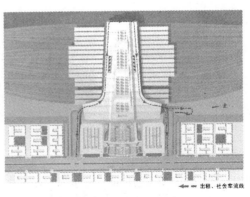

图 6-53　重庆西站社会流线

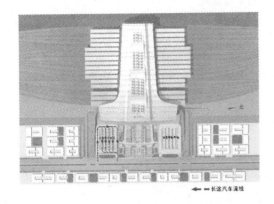

图 6-54　重庆西站长途汽车流线

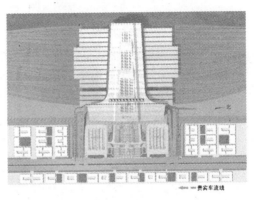

图 6-55　重庆西站贵宾车流线

5. 建筑设计

1）平面创意

（1）高架候车厅位于 9.00 m 层，进站大厅设置在 15.50 m 夹层，从而解决以往进站大厅和高架候车厅处在同一平面造成的空间复杂、候车空间不整的缺点，使高架候车空间纯净工整，宽敞明亮。

（2）进站大厅、售票大厅、旅服和商业空间都设置在夹层，从而达到了夹层空间的最大化利用，防止空间的浪费，也保证了商业空间人流的充足。

（3）进站大厅位于高架候车大厅的上方，居高下望，带来了更广阔的视觉空间，空间感觉更恢弘，进站行走路线更为清晰明确。

（4）进站大厅进入候车厅的楼扶梯和候车厅进入站台的楼扶梯更好的设置，最小的占用空间，把更宽阔，更规整的空间留给候车大厅，更加人性化、合理化。

平面设计创意参见图 6-56。

2）梯形平面设计

（1）重庆西客站为侧式站房，高架候车厅为尽端式。高架候车厅内的人流活动强度

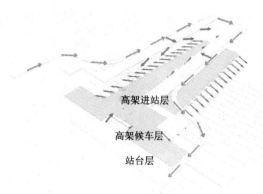

▬▶─▬▶ 进站流线
▬▶─▬▶ 出租汽车和社会车流线

图 6-56 重庆西站平面创意

由基本站一侧向高架候车厅远端呈逐渐减弱之势,梯形平面能很好地解决人流不平衡造成的空间浪费问题,达到空间的完美利用。

（2）梯形平面能很好地缩短进站出租车和社会车的绕行距离,更为人性化。

（3）梯形平面能很好地解决高架候车空间使用不平衡造成的空间浪费问题,节约资源（见图 6-57）。分层平面图如图 6-58 至图 6-61 所示。

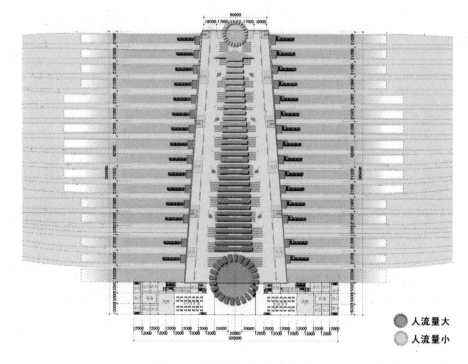

🔴 人流量大
⚪ 人流量小

图 6-57 重庆西站梯形平面设计

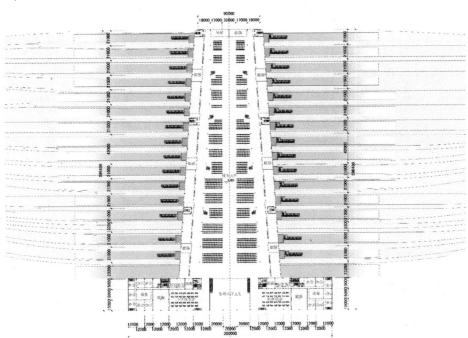

9.00 m层平面图

图 6-58　重庆西站高架候车层平面

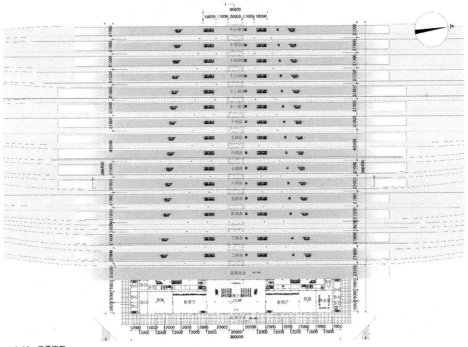

±0.00 m层平面图

图 6-59　重庆西站台层平面

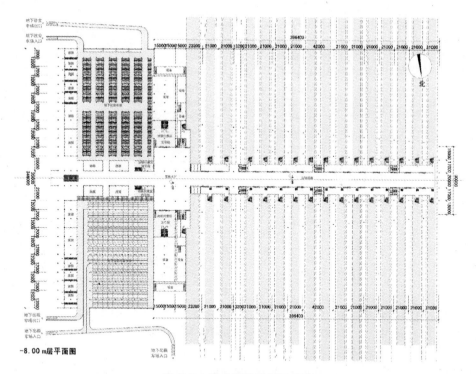

图 6-60 重庆西站地下层平面

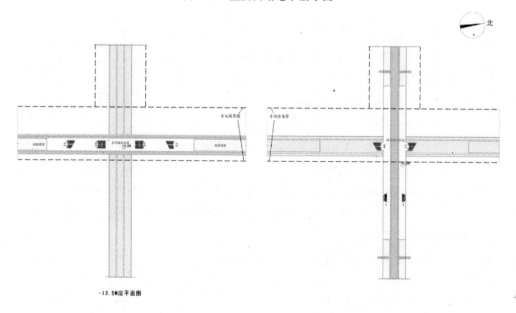

图 6-61 重庆西站地铁层平面

6. 相关专业与投资估算

1) 结构设计

(1) 自然条件。

① 累年最大风速 20 m/s。

② 土壤最大冻结深度 73 cm。

③ 抗震设防烈度 8,设计基本地震加速度值为 0.2 g。

④ 抗震设计类型为乙类。

⑤ 建筑结构安全等级为二级,设计使用年限为 50 年。

(2) 设计依据。

① 建筑结构可靠度设计统一标准　　GB 50068—2001。

② 建筑结构荷载规范　　GB 50009—2001。

③ 建筑抗震设计规范　　GB 50011—2001。

④ 城市桥梁设计准则　　CJJ 11—1993。

⑤ 建筑地基基础设计规范　　GB 50007—2002。

⑥ 混凝土结构设计规范　　GB 50010—2002。

⑦ 钢结构设计规范　　GB 50017—2003。

⑧ 冷弯薄壁型钢结构技术规范　　GB 50018—2002。

⑨ 网架结构设计与施工规程(JGJ 7—1991);

⑩ 其他工种提供的相关资料;

⑪ 业主提供的设计任务书和其他相关资料。

(3) 结构选型。

① 本工程主体结构由东站房和高架候车厅组成,其中东站房总宽度 300 m,进深 45 m,高架候车厅呈梯形平面,总长 351.40 m,最宽处 150 m,最窄处 90 m。

② 车站候车建筑部分结合建筑平面布置方案和功能要求,采用大跨度的空间结构形式。主体结构为网架钢结构体系。

③ 支撑屋面的主框架柱及车站屋面均采用钢结构。其中,钢架柱采用箱型变截面钢柱,框架横向主梁可采用箱型截面钢梁或钢管桁架组合梁,纵向均采用钢桁架梁。下部采用钢筋混凝土结构。

④ 旅客进站通廊为钢结构体系;站台雨棚采用无柱悬挂结构形式,最大限度地减少站台层面内的结构柱。

⑤ 主体结构基础采用桩基础。

重庆西设计剖面图见图 6-62、图 6-63。

2) 其他

给排水设计、电气设计、弱电系统设计、采暖通风和空调设计、消防和管材环境保护等的设计要求与文件格式的统一要求同上一案例,本例中不再重复。

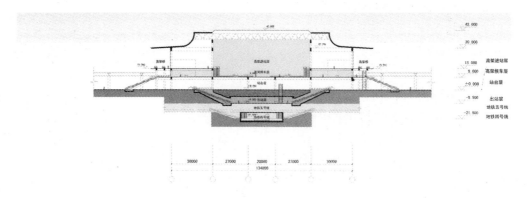

图 6-62　重庆西地下一层平面

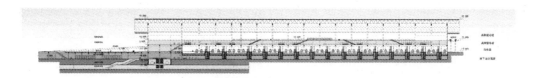

图 6-63　重庆西地铁层平面

7. 重庆西站效果图（见图 6-64 至图 6-68）

图 6-64　重庆西站正立面效果

图 6-65　重庆西站进站口及高架车道效果

图 6-66　重庆西站候车厅室内效果

图 6-67　重庆西站台空间效果

图 6-68　重庆西站鸟瞰

参 考 文 献

[1] 铁道部第三设计院,南京工学院,天津大学和西南交通大学.铁路旅客站建筑设计[M].北京:中国建筑工业出版社,1977.

[2] 邵毓宾.现代铁路旅客车站规划设计[M].北京:中国铁道出版社,1999.

[3] 中华人民共和国铁道部.GB 50226—2007铁路旅客车站建筑设计规范[S].北京:中国计划出版社,2007.

[4] 彭一刚.建筑空间组合论[M].3版.北京:中国建筑工业出版社,2008.

[5] Brian Edwards. The Modern Station:New Approaches to Railway Architecture. London,New York:E & FN Spon Oxford,E&FN Spon,1997.

[6] Martha Thorne. Modern Trains and Splendid Stations. Chicago,IL:Art Institute of Chicago,2001.

[7] 沙永杰.日本京都新车站设计[J].时代建筑,2000(4):56—59.

[8] 李兴刚,苗茁.北京西直门交通枢纽设计研究[J].世界建筑,2008(8):50—61.

[9] 王睦,吴晨,周铁征,等.以火车站为中心的综合交通枢纽——新建北京南站的设计与创作[J].建筑学报,2009(4):24—33.

彩 图

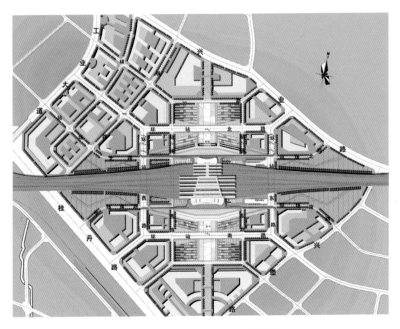

彩 1　总平面——佛山西站投标

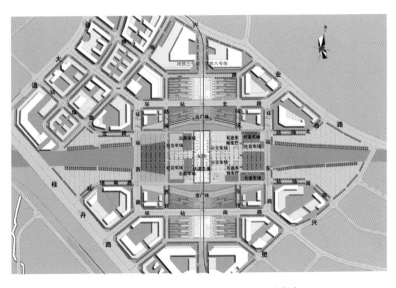

彩 2　总平面功能分析——佛山西站投标

彩 3 整体鸟瞰效果——佛山西站投标

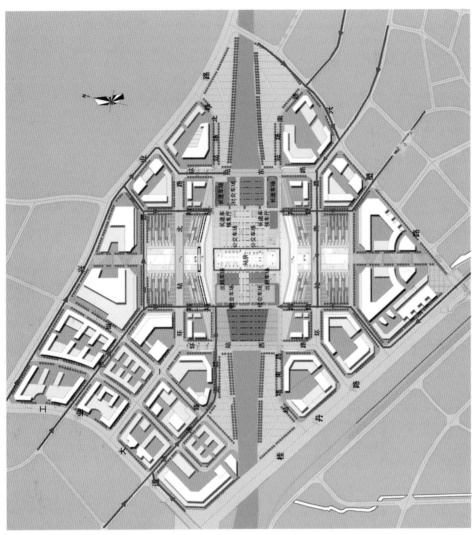

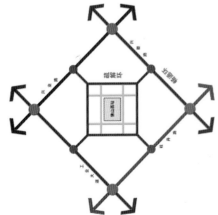

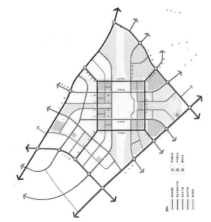

彩 4 路网流线关系——佛山西站投标

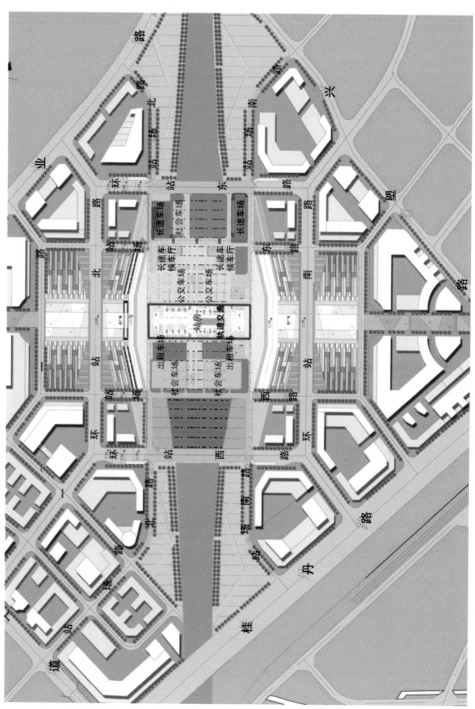

彩 5　站内交通设施分区与规划——佛山西站投标

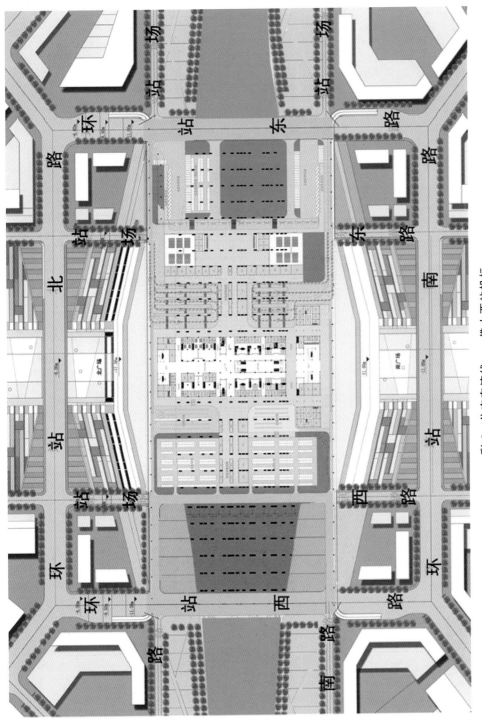

彩 6 公交车流线——佛山西站投标

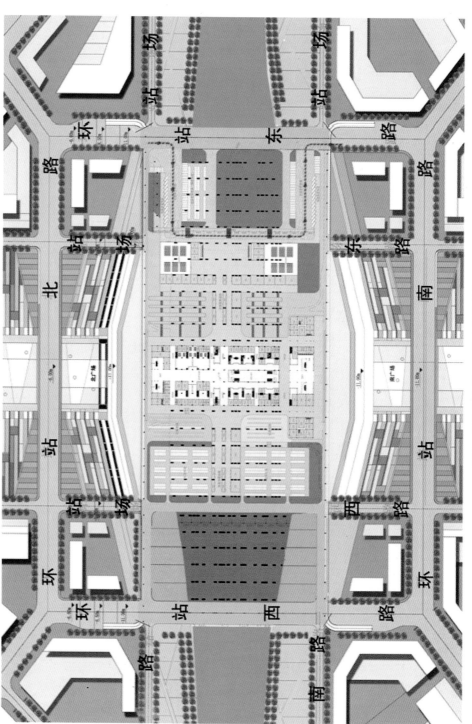

彩7 长途车流线——佛山西站投标

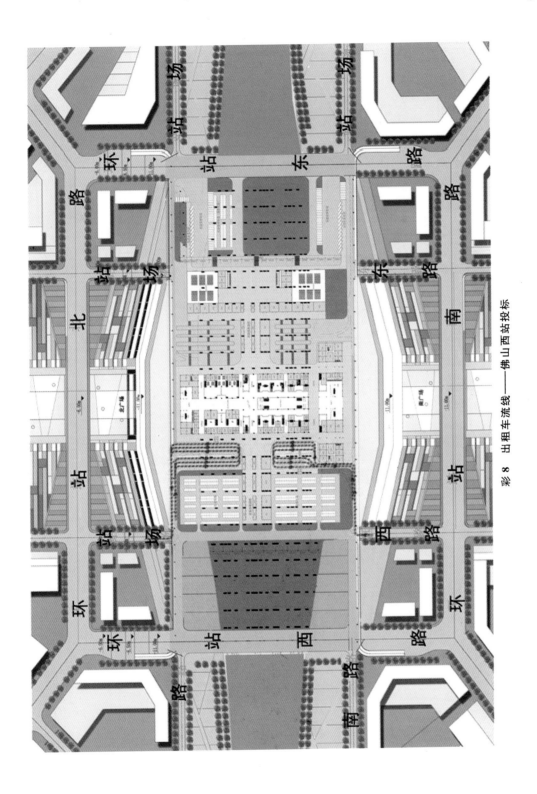

彩 8　出租车流线——佛山西站站投标

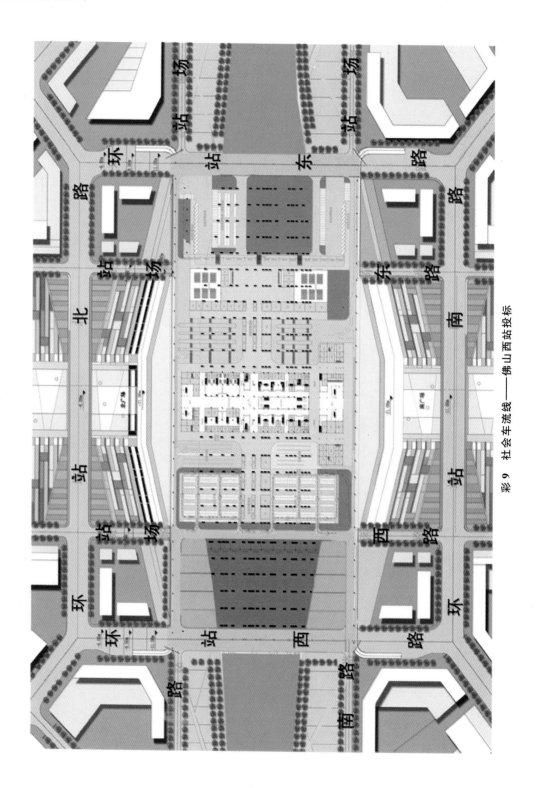

彩9 社会车流线——佛山西站投标

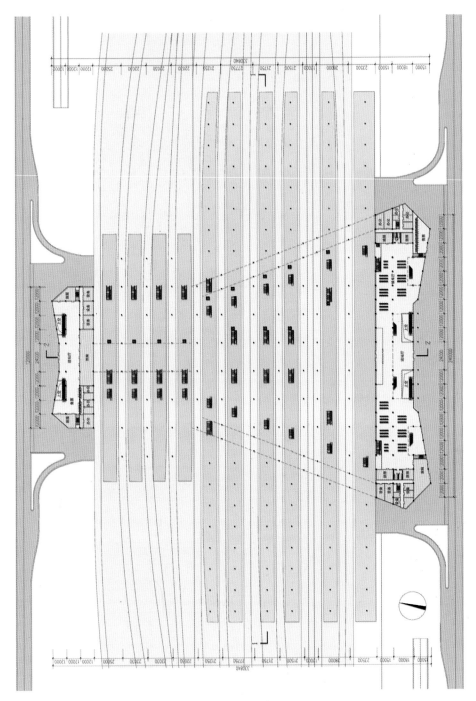

彩 10　0.00 m 层平面——佛山西站投标

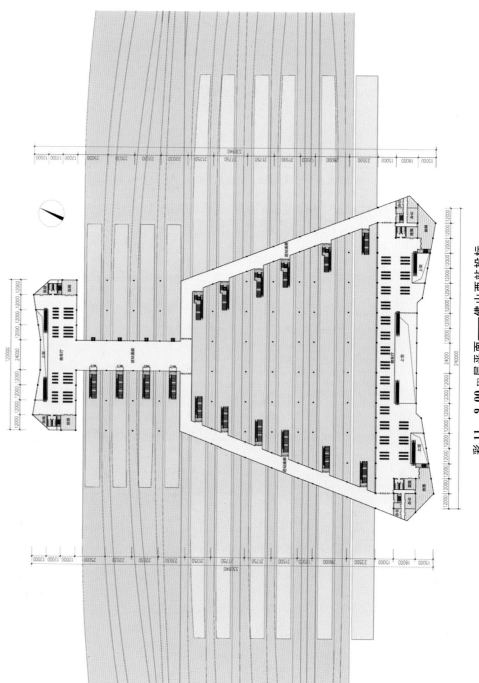

彩 11　9.00 m 层平面——佛山西站投标

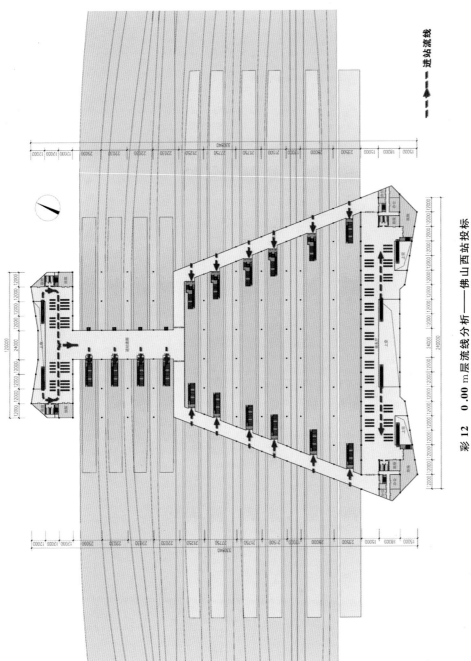

进站流线

彩 12　0.00 m 层流线分析——佛山西站投标

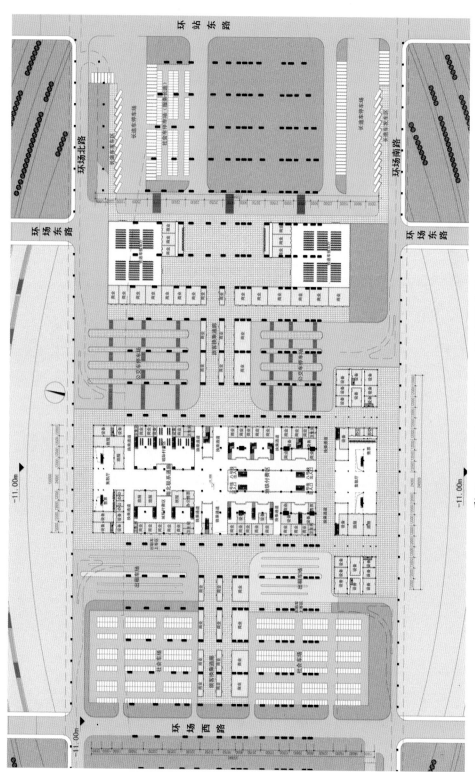

彩图 13 -11.00 m层平面——佛山西站投标

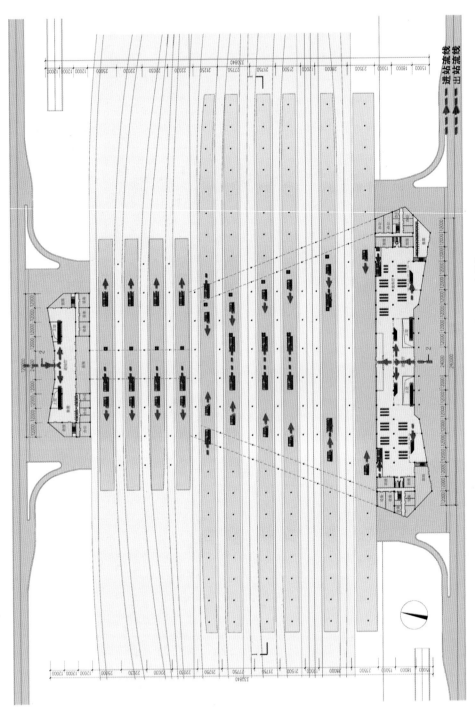

进站流线
出站流线

彩 14 0.00 m层流线——佛山西站投标

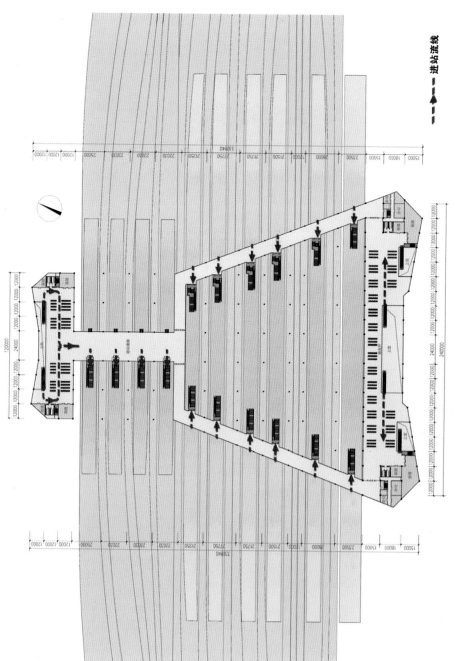

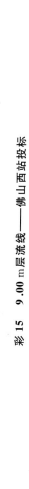

彩 15　9.00 m 层流线——佛山西站投标

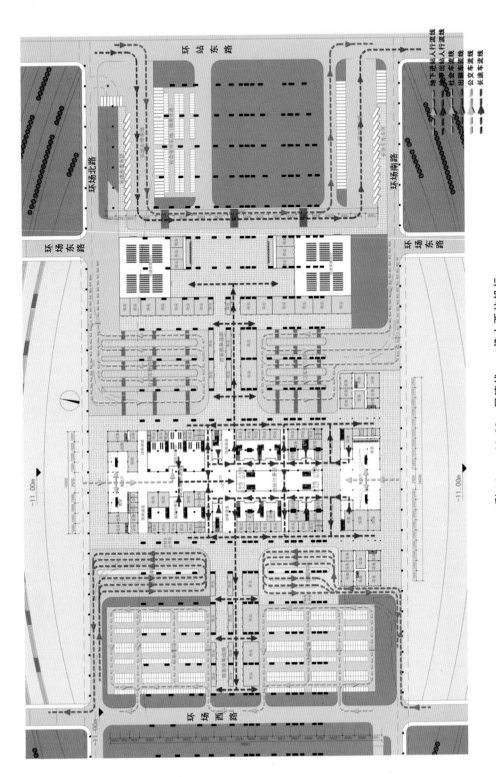

彩 16 －11.00 m层流线——佛山西站投标

彩 17　立面透视——佛山西站投标

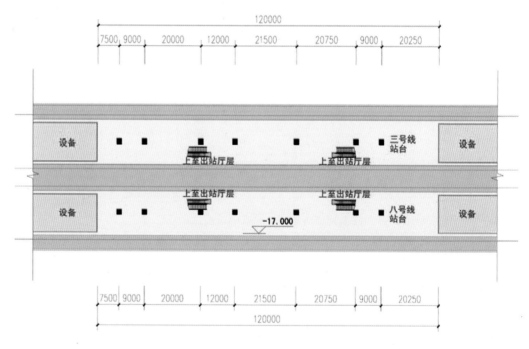

彩 18　地铁层平面——佛山西站投标

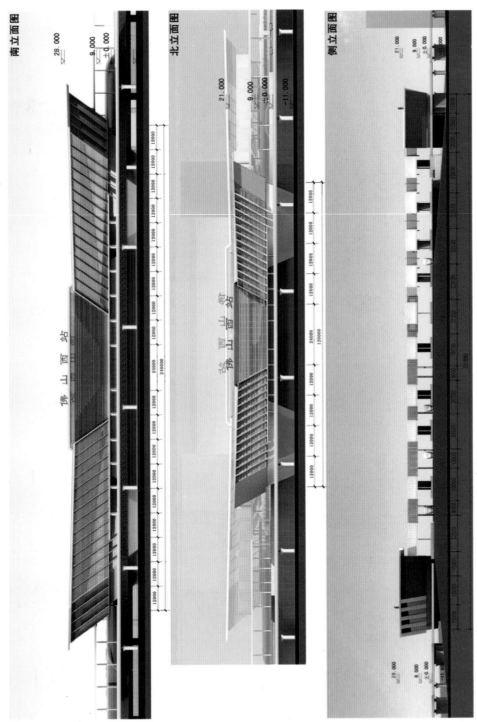

彩 19　立面——佛山西站投标

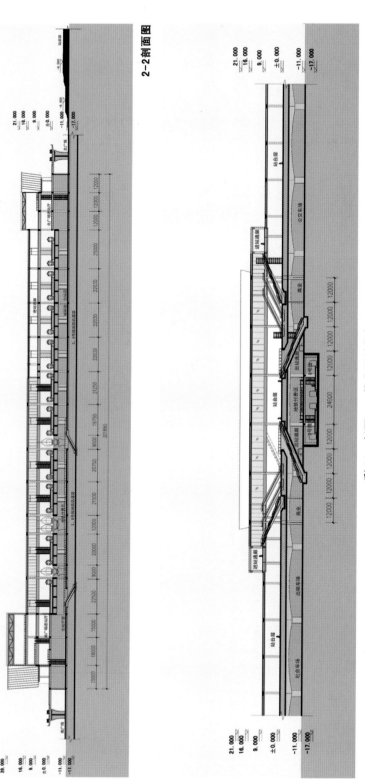

2-2剖面图

彩 20 剖面——佛山西站投标

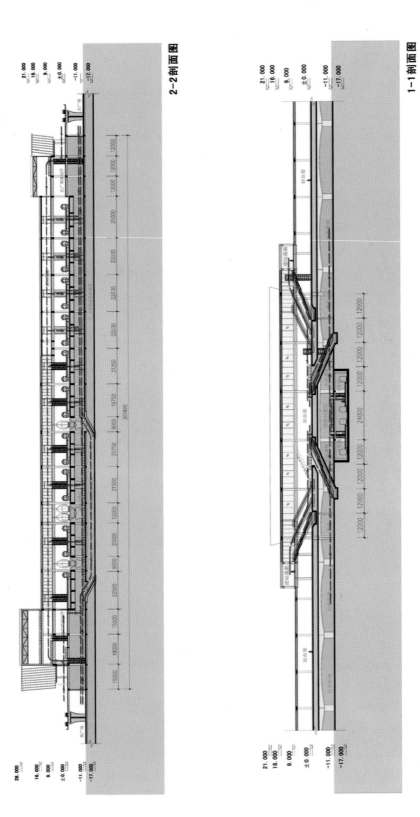

彩 21　剖面流线——佛山西站投标

彩 22 候车厅室内效果——佛山西站投标

彩 23 站台效果——佛山西站投标

彩 24　雨棚效果——佛山西站投标

彩25 透视效果——佛山西站投标

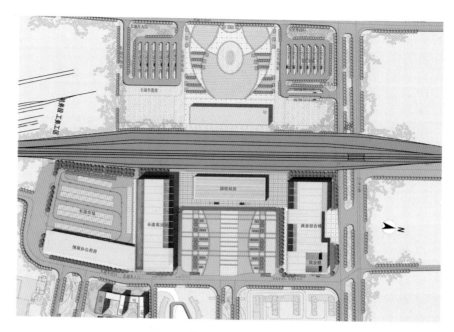

彩 26 总平面——威海站投标

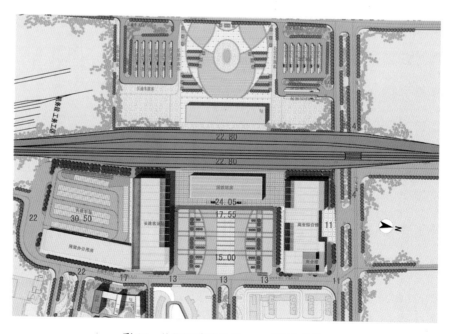

彩 27 总平面功能分析——威海站投标

彩 28 鸟瞰——威海站投标

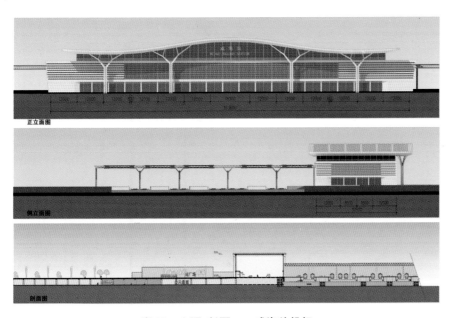

彩 29 立面、剖面——威海站投标

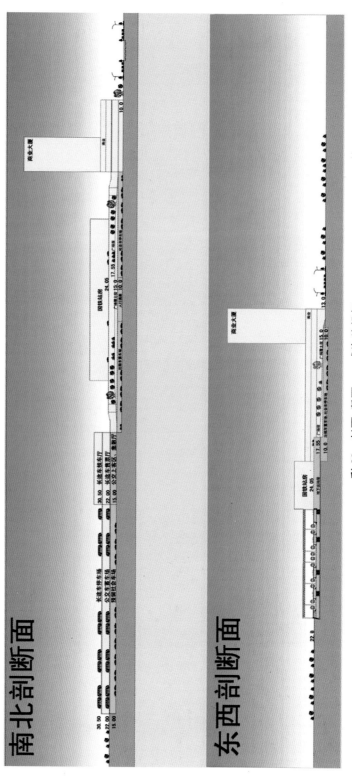

彩30 剖面、断面——威海站投标

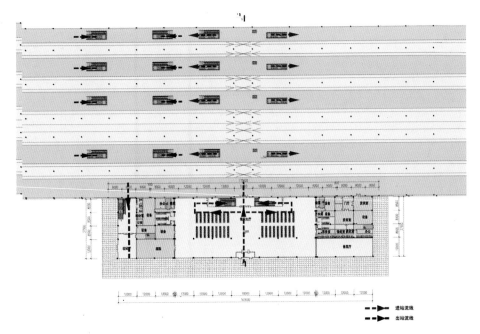

彩 31　首层平面——威海站投标

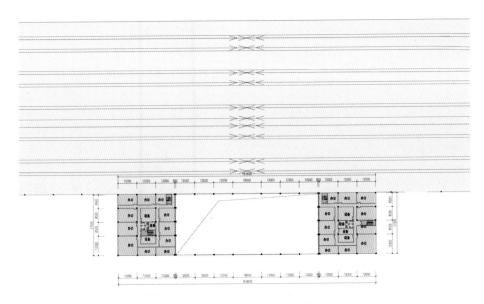

彩 32　2 层平面——威海站投标

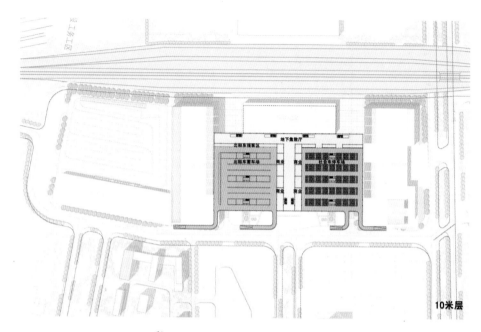

彩 33　10 m 层平面——威海站投标

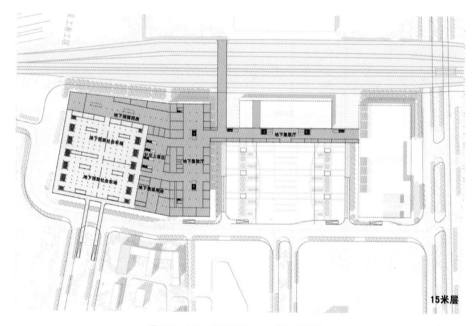

彩 34　15 m 层平面——威海站投标

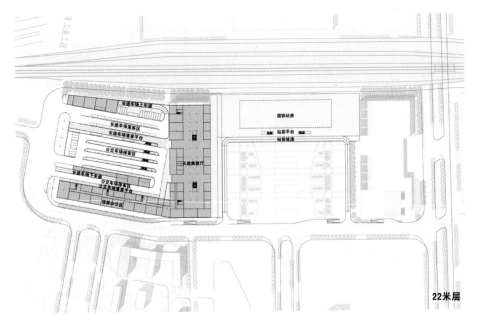

彩 35　22 m 层平面——威海站投标

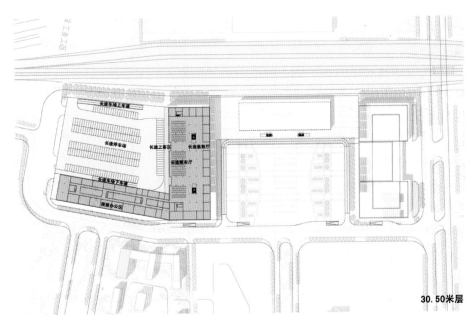

彩 36　30.5 m 层平面——威海站投标

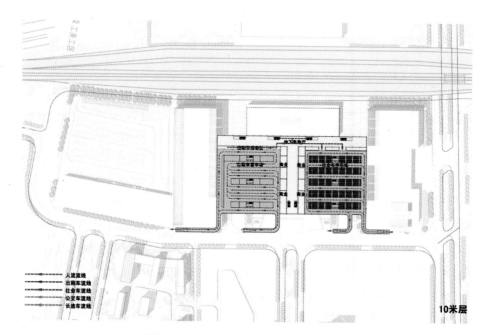

彩37 10.00 m层流线——威海站投标

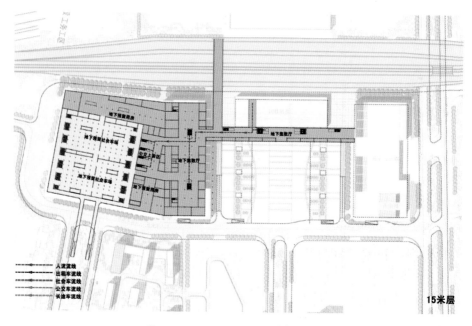

彩38 15 m层流线——威海站投标

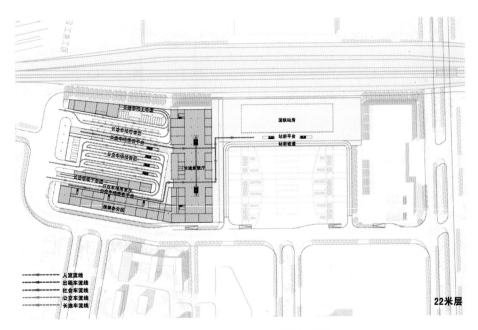

彩 39　22 m 层流线——威海站投标

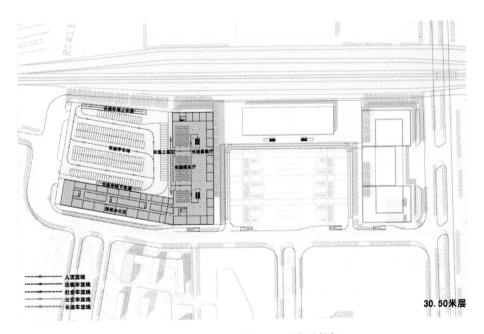

彩 40　30.5 m 层流线——威海站投标

彩 41   候车厅室内效果——威海站投标

彩 42   透视效果——威海站投标